U0186042

高等职业教育机电类专业新形态教材

多轴数控编程与加工案例教程

第 2 版

主　编　石皋莲　季业益　吴少华
副主编　顾　涛　李春雷　耿　哲　丁云鹏
参　编　刘三利　崔　勇　朱　伟　周　挺　戴春华

机械工业出版社

本书是在"十三五"江苏省高等学校重点教材的基础上,为适应"智改数转"企业发展需要,根据高等职业教育数控技术专业的教学实际及其他专业对多轴数控编程与加工技术知识的新需求,参照现行的相关国家标准和"1+X"职业技能等级考核标准修订而成的。

本书是编者团队从事CAM编程与加工工作多年来的经验总结和知识积累,书中实践案例均源自企业真实产品,具有很强的专业性和实用性。

全书共分4个模块,模块1通过三轴铣削加工项目,重点介绍了NX CAM三轴数控加工的基础知识及操作流程,引导读者入门;模块2讲解了四轴铣削加工,重点介绍了NX多轴数控加工的设置管理与刀轨生成和验证等;模块3详细讲解了五轴铣削加工和编程知识;模块4通过三个拓展项目巩固学习和进行知识延伸。

本书案例丰富,代表性和指导性强。案例讲解深入浅出,大大降低了学习门槛,易学易懂,可以迅速实现从入门到精通。

本书配有电子课件,凡使用本书作为教材的教师均可登录机械工业出版社教育服务网(http://www.cmpedu.com),注册后免费下载。咨询电话:010-88379375。

本书可作为职业院校数控技术专业、模具设计与制造专业、机械制造及自动化专业及相关专业的教学用书,也可供从事CAM多轴数控编程与加工的工程技术人员参考。

图书在版编目(CIP)数据

多轴数控编程与加工案例教程/石皋莲,季业益,吴少华主编. —2版. —北京:机械工业出版社,2023.12(2025.1重印)
高等职业教育机电类专业新形态教材
ISBN 978-7-111-74363-7

Ⅰ.①多… Ⅱ.①石… ②季… ③吴… Ⅲ.①数控机床-程序设计-高等职业教育-教材②数控机床-加工-高等职业教育-教材 Ⅳ.①TG659

中国国家版本馆CIP数据核字(2023)第229920号

机械工业出版社(北京市百万庄大街22号 邮政编码100037)
策划编辑:王英杰 责任编辑:王英杰
责任校对:韩佳欣 张 征 封面设计:马若濛
责任印制:单爱军
北京虎彩文化传播有限公司印刷
2025年1月第2版第2次印刷
184mm×260mm·14.25印张·351千字
标准书号:ISBN 978-7-111-74363-7
定价:47.00元

电话服务 网络服务
客服电话:010-88361066 机 工 官 网:www.cmpbook.com
010-88379833 机 工 官 博:weibo.com/cmp1952
010-68326294 金 书 网:www.golden-book.com
封底无防伪标均为盗版 机工教育服务网:www.cmpedu.com

前　言

本书深刻践行党的二十大报告中提出的要努力培养造就更多的卓越工程师、大国工匠、高技能人才的精神，立足于"智改数转"产业变革对多轴数控编程与加工技术岗位人才素养提出的更高要求，实施价值引领推进课程改革，着力培养"德技双馨"的技术技能人才。

本书在第 1 版的基础上，主要从以下几个方面进行了修订：①更新了软件版本，由 NX 6.0 更新为 NX 12.0；②更新了部分校企合作开发的项目载体；③增加了二维码，通过扫描二维码，即可获得相关知识点的操作视频；④凸显了项目案例中的加工工艺、零件加工等内容；⑤调整和优化了配套资源，建立了动态、共享的教学资源库；⑥增加了能力目标、知识目标和素养目标，培养学生综合素养，激发学生树立科技兴国、实干兴邦的职业理想，培育家国情怀。

全书共分 4 个模块 12 个学习项目，模块 1 以连接块、水壶凹模、玩具相机凸模 3 个三轴铣削加工项目为例，重点介绍了 NX CAM 三轴数控加工的基础知识及操作流程，引导读者入门；模块 2 通过异形轴头、圆柱凸轮、螺杆 3 个四轴铣削加工项目，重点介绍了 NX 四轴数控加工的设置管理、刀轨生成和验证等知识与方法；模块 3 以旋钮、大力神杯、叶轮 3 个五轴铣削加工项目，详细讲解了五轴铣削加工和编程知识；模块 4 通过导板、星形滚筒、叶片 3 个拓展项目巩固学习和进行知识延伸。

本书每个项目都设计了教学目标、项目导读和工作任务等环节，并在工作任务中重点介绍了加工工艺制定、加工程序编制、仿真及零件加工等内容，以便读者进行有针对性的操作，从而掌握相关知识和技能。每个项目后都配有专家点拨和课后训练，提示和辅助读者加深理解操作要领、使用技巧和注意事项。

本书由校企人员联合创作编写。石臬莲、季业益、吴少华担任主编，确定编写大纲并进行统稿工作。本书模块 1 的项目 1，模块 4 的项目 1、项目 2 由季业益编写；模块 1 的项目 2、项目 3 由吴少华编写；模块 2 的项目 1 由李春雷编写；模块 2 的项目 2、项目 3 由顾涛编写；模块 3 的项目 1 由耿哲编写；模块 3 的项目 2、项目 3 由石臬莲编写；模块 4 的项目 3 由丁云鹏编写；刘三利、崔勇、朱伟、周挺、戴春华参与了本书项目的工艺制定、程序编制及操作视频录制工作。

衷心感谢英格索兰（中国）工业设备制造有限公司、纽威数控装备（苏州）股份有限公司、苏州微创关节医疗科技有限公司等企业无私提供的实践案例和宝贵的应用经验。

由于编者水平有限，书中不妥之处在所难免，恳请广大读者批评指正。

编　者

二维码索引

序号	二维码	页码	序号	二维码	页码	序号	二维码	页码
1.1.1		5	1.1.8		25	1.2.2		39
1.1.2		10	1.1.9		27	1.2.3		40
1.1.3		15	1.1.10		28	1.2.4		42
1.1.4		17	1.1.11		29	1.2.5		44
1.1.5		19	1.1.12		30	1.2.6		46
1.1.6		22	1.1.13		31	1.3.1		52
1.1.7		25	1.2.1		36	1.3.2		55

（续）

（续）

序号	二维码	页码	序号	二维码	页码	序号	二维码	页码
3.2.5		151	3.3.7		182	3.3.16		203
3.2.6		153	3.3.8		186	4.1.1		212
3.2.7		156	3.3.9		189	4.1.2		212
3.3.1		165	3.3.10		192	4.2.1		216
3.3.2		169	3.3.11		196	4.2.2		216
3.3.3		171	3.3.12		198	4.3.1		220
3.3.4		173	3.3.13		200	4.3.2		220
3.3.5		177	3.3.14		201			
3.3.6		180	3.3.15		202			

目　录

模块1 三轴铣削加工

本模块以企业真实产品为例讲述 NX CAM 三轴铣削数控编程、仿真与加工方法，详细介绍 NX CAM 平面铣、型腔铣、固定轴曲面轮廓铣和点位加工等加工方式常用的参数设置、后处理方法与编程操作技巧等。通过学习本模块，读者能完成三轴铣削零件的数控编程与加工仿真。

项目 1 连接块的数控编程与加工

教学目标

能力目标

1）能编制连接块加工工艺卡。

2）能使用 NX 12.0 软件编制连接块的三轴加工程序。

3）能操作三轴加工中心完成连接块加工。

知识目标

1）掌握 NX CAM 的基本操作流程。

2）基本掌握面铣、平面铣的几何体设置方法。

3）基本掌握点位加工的参数设置方法。

素养目标

激发读者的学习兴趣，培养精益求精的精神。

项目导读

本项目所涉及的连接块为某注塑机中的一个零件，在机构中起连接作用，为典型的块状零件，主要由台阶、内孔、圆角等特征组成。在编程与加工过程中要特别注意内孔的加工精度。

工作任务

本工作任务的内容为：分析连接块的零件模型，明确加工内容和加工要求，对加工内容进行合理的工序划分，确定加工路线，选用加工设备、刀具和夹具，制定加工工艺卡；运用 NX 软件编制连接块的加工程序并进行仿真加工，操作三轴加工中心完成连接块的加工。

一、制定加工工艺

1. 模型分析

连接块零件模型如图 1-1-1 所示，其结构比较简单，主要由外轮廓、台阶、内孔、圆弧面、倒角面等特征组成。零件材料为 45 钢，此材料为优质碳素结构钢，应用广泛，可加工性比较好。

2. 制定工艺路线

连接块零件加工分两次装夹，毛坯留有一定的夹持量，第一次装夹采用机用平口钳夹持毛坯，使用三轴加工中心完成除总高之外所有特征的加工；第二次装夹采用机用平口钳夹持已加工完成的外轮廓，使用三轴加工中心切除底面的夹持部分并保证零件总高尺寸（本项目中连接块的反面加工比较简单，不做阐述）。

图 1-1-1　连接块零件模型

1）备料：45 钢块料，尺寸为 92mm×60mm×53mm。

2）用机用平口钳夹持毛坯，粗铣零件，留 0.5mm 余量。

3）精铣零件外轮廓。

4）精铣台阶侧面。

5）精铣零件顶面及台阶面。

6）铣圆角。

7）钻中心孔。

8）钻 ϕ17mm 通孔。

9）钻 ϕ11mm 通孔。

10）钻 ϕ11.8mm 不通孔。

11）铣 ϕ25mm 孔，留 0.3mm 余量。

12）精铰 ϕ12mm 孔。

13）精镗 ϕ25mm 孔。

14）零件翻面装夹，用机用平口钳装夹已加工外轮廓，铣零件底面，保证总高。

3. 加工设备选用

选用 HV-40A 立式铣削加工中心作为加工设备，此机床为水平床身，机械手换刀，刚性好，加工精度高，适合小型零件的大批量生产，机床技术参数和外观见表 1-1-1。

4. 毛坯选用

该连接块材料为 45 钢，根据零件尺寸和机床性能，并考虑零件装夹要求，选用 92mm×60mm×53mm 的块料作为毛坯，如图 1-1-2 所示。

5. 装夹方式选用

连接块零件加工分两次装夹，加工顶面时，以毛坯底面作为基准，选用机用平口钳装夹，工件左侧面与机用平口钳左侧对齐，工件高度方向伸出量为 49mm，装夹简图如图 1-1-3 所示。加工底面时，采用已经加工完的顶面作为定位基准，使用机用平口钳装夹。为保证定位精度，在机用平口钳侧面添加一个限位块，装夹时工件向左靠紧限位块，保证每次装夹位置一致。装夹简图如图1-1-4所示。

表1-1-1　机床技术参数和外观

主要技术参数		机床外观
X轴行程/mm	1000	
Y轴行程/mm	520	
Z轴行程/mm	505	
主轴最高转速/(r/min)	10000	
刀具更换形式	机械手	
刀具数量	24	
数控系统	FANUC MateC	

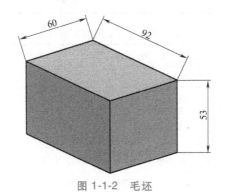

图1-1-2　毛坯

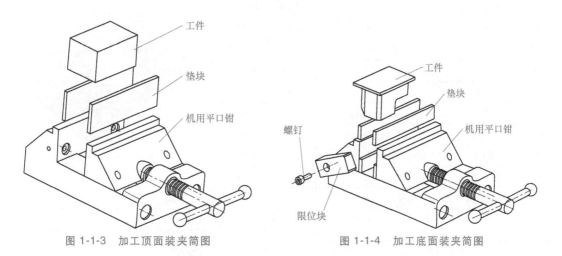

图1-1-3　加工顶面装夹简图　　　　图1-1-4　加工底面装夹简图

6. 制定工艺卡

以1次装夹作为1道工序，制定加工工艺卡，见表1-1-2～表1-1-4。

表 1-1-2 工序清单

零件号:371865		工艺版本号:0	工艺流程卡-工序清单		
工序号	工序内容	工位	页码:1		页数:3
001	备料(45钢,92mm×60mm×53mm)	采购	零件号:371865		版本:0
002	加工顶面	加工中心	零件名称:连接块		
003	加工底面	加工中心	材料:45钢		
004			材料尺寸:92mm×60mm×53mm		
005			更改号	更改内容	批准	日期
006						
007			01			
008						

| 拟制: | 日期: | 审核: | 日期: | 批准: | 日期: | |

表 1-1-3 加工顶面工艺卡

零件号:371865		工序名称:加工顶面	工艺流程卡-工序单
材料:45钢	页码:2	工序号:02	版本号:0
夹具:机用平口钳	工位:加工中心	数控程序号:371865-01. NC	

刀具及参数设置				
刀具号	刀具规格	加工内容	主轴转速	进给速度
T01	D25R5 铣刀	零件粗加工,留0.5mm余量	S1800	F1200
T02	D16R0 铣刀	精铣零件外轮廓	S2200	F1000
T02	D16R0 铣刀	精铣台阶侧面	S2200	F1000
T02	D16R0 铣刀	精铣零件顶面及台阶面	S2200	F1000
T03	D8R4 球头铣刀	铣圆角	S2800	F620
T04	D10 点孔钻	钻中心孔	S1500	F300
T06	D17 麻花钻	钻φ17mm通孔	S600	F80
T06	D11 麻花钻	钻φ11mm通孔	S800	F100
T07	D11.8 麻花钻	钻φ11.8mm不通孔	S800	F100
T08	D12R0 铣刀	铣φ25mm孔,留0.3mm余量	S1800	F800
T09	D12H7 铰刀	精铰φ12mm孔	S300	F30
T10	D25H7 精镗刀	精镗φ25mm孔	S400	F40

锐边加0.3mm倒角

01			
更改号	更改内容	批准	日期
拟制:	日期:	审核:	日期:	批准:	日期:

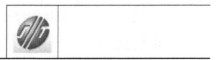

表 1-1-4　加工底面工艺卡

零件号:371865			工序名称:加工底面		工艺流程卡-工序单	
材料:45 钢		页码:3		工序号:03		版本号:0
夹具:机用平口钳		工位:加工中心		数控程序号:371865-02. NC		
刀具及参数设置						
刀具号	刀具规格	加工内容		主轴转速	进给速度	
T01	D50R2 面铣刀	加工底面		S1800	F800	

所有尺寸参阅零件图,锐边加 0.3mm 倒角

01					
更改号	更改内容		批准	日期	
拟制:	日期:	审核:	日期:	批准:	日期:

二、编制加工程序

(一) 加工准备

1) 打开模型文件,单击【应用模块】→【加工】按钮,弹出【加工环境】对话框,【CAM 会话配置】选择【cam_general】;【要创建的 CAM 组装】选择【mill_planar】,如图 1-1-5 所示,然后单击【确定】按钮,进入加工模块。

2) 在【工序导航器】空白处右击,选择【几何视图】命令,如图 1-1-6 所示。

图 1-1-5　【加工环境】设置

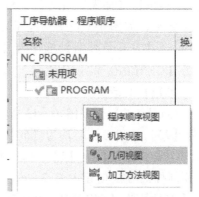

图 1-1-6　选择【几何视图】命令

3）双击【工序导航器】中的【MCS_MILL】，弹出【MCS 铣削】对话框，设置【安全距离】为【50】，如图 1-1-7 所示。

4）单击【指定 MCS】中的【坐标系】，弹出【坐标系】对话框，选择【参考坐标系】中的【WCS】，单击【确定】按钮，使加工坐标系和工作坐标系重合，如图 1-1-8 所示。再单击【确定】按钮，完成加工坐标系设置。

图 1-1-7 加工坐标系设置（一）

图 1-1-8 加工坐标系设置（二）

5）双击【工序导航器】中的【WORKPIECE】，弹出【工件】对话框，如图 1-1-9 所示。

6）单击【选择或编辑部件几何体】，弹出【部件几何体】对话框，选择图 1-1-10 所示实体模型为部件，单击【确定】按钮，完成指定部件。

7）单击【选择或编辑毛坯几何体】，弹出【毛坯几何体】对话框，选择【包容块】作为毛坯，【包容块】余量设置如图 1-1-11 所示。单击【确定】按钮，完成毛坯设置，再单击【确定】按钮，完成【工件】设置。

8）在【工序导航器】空白处右击，选择【机床视图】，单击【菜单】→【插入】→【刀具】按钮，弹出【创建刀具】对话框，如图 1-1-12 所示。设置【类型】为【mill_planar】，【刀具子类型】选择为【MILL】，【刀具】选择为【GENERIC_MACHINE】，【名称】设置为【D25R5】，单击【确定】按钮，弹出【铣刀-5 参数】对话框。

图 1-1-9 【工件】设置

9）设置刀具 1 参数，如图 1-1-13 所示。设置【直径】为【25】，【下半径】为【5】，【长度】为【75】，【刀刃长度】为【50】，【刀刃】为 2，【刀具号】为 1，【补偿寄存器】为 1，【刀具补偿寄存器】为【1】，单击【确定】按钮，完成刀具 1 创建。

10）用同样的方法创建刀具 2。设置【类型】为【mill_planar】，【刀具子类型】为【MILL】，【刀具】为【GENERIC_MACHINE】，【名称】为【D16R0】，【直径】为【16】，【下半径】为【0】，【长度】为【75】，【刀刃长度】为【50】，【刀刃】为【2】，【刀具号】

图 1-1-10 指定部件

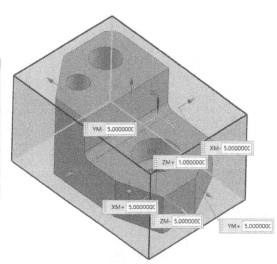

图 1-1-11 毛坯设置

为【2】,【补偿寄存器】为【2】,【刀具补偿寄存器】为【2】。

11)创建刀具 3。设置【类型】为【mill_planar】,【刀具子类型】为【BALL_MILL】,【刀具】为【GENERIC_MACHINE】,【名称】为【D8R4】,【球直径】为【8】,【长度】为【75】,【刀刃长度】为【50】,【刀刃】为【2】,【刀具号】为【3】,【补偿寄存器】为【3】,【刀具补偿寄存器】为【3】,如图 1-1-14 所示,单击【确定】按钮,完成刀具 3 的创建。

12)创建刀具 4。设置【类型】为【hole_making】,【刀具子类型】为【CENTERDRILL】,【刀具】为【GENERIC_MACHINE】,【名称】为【D10DKZ】,如图 1-1-15 所示。单击【确定】按钮,弹出【中心钻刀】对话框。

13)设置刀具 4 参数。设置【直径】为【10】,【长度】为【50】,【刀尖角度】为【118】,【刀刃】为【2】,【刀具号】为【4】,【补偿寄存器】为【4】,如图 1-1-16 所示,单击【确定】按钮,完成刀具 4 的创建。

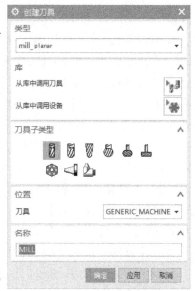

图 1-1-12 创建刀具 1

图 1-1-13　刀具 1 参数设置

图 1-1-14　刀具 3 参数设置

14）创建刀具 5。设置【类型】为【hole_making】，【刀具子类型】为【STD_DRILL】，【刀具】为【GENER-IC_MACHINE】，【名称】为【D17DRILL】，【直径】为【17】，【长度】为【80】，【刀尖角度】为【118】，【刀刃长度】为【50】，【刀刃】为【2】，【刀具号】为【5】，【补偿寄存器】为【5】，如图 1-1-17 所示，单击【确定】按钮，完成刀具 5 的创建。

15）用与创建刀具 5 相同的方法创建刀具 6。设置【类型】为【hole_making】，【刀具子类型】为【STD_DRILL】，【刀具】为【GENERIC_MACHINE】，【名称】为【D11DRILL】，【直径】为【11】，【长度】为【80】，【刀尖角度】为【118】，【刀刃长度】为【50】，【刀刃】为【2】，【刀具号】为【6】，【补偿寄存器】为【6】。

16）用与创建刀具 5 相同的方法创建刀具 7。设置【类型】为【hole_making】，【刀具子类型】为【STD_

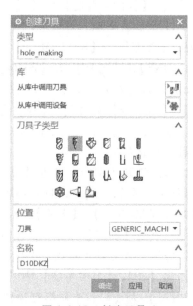

图 1-1-15　创建刀具 4

DRILL】，【刀具】为【GENERIC_MACHINE】，【名称】为【D11.8DRILL】，【直径】为【11.8】，【长度】为【80】，【刀尖角度】为【118】，【刀刃长度】为【50】，【刀刃】为【2】，【刀具号】为【7】，【补偿寄存器】为【7】。

图 1-1-16　刀具 4 参数设置

图 1-1-17　刀具 5 参数设置

17）用与创建刀具 1 相同的方法创建刀具 8。设置【类型】为【mill_planar】，【刀具子类型】为【MILL】，【刀具】为【GENERIC_MACHINE】，【名称】为【D12R0】，【直径】为【12】，【下半径】为【0】，【长度】为【75】，【刀刃长度】为【50】，【刀刃】为【2】，【刀具号】为【8】，【补偿寄存器】为【8】，【刀具补偿寄存器】为【8】。

18）创建刀具 9。设置【类型】为【hole_making】，【刀具子类型】为【REAMER】，【刀具】为【GENERIC_MACHINE】，【名称】为【D12REAMER】，【直径】为【12】，【颈部直径】为【10】，【长度】为【80】，【刀刃长度】为【50】，【刀刃】为【6】，【刀具号】为【9】，【补偿寄存器】为【9】，如图 1-1-18 所示，单击【确定】按钮，完成刀具 9 的创建。

19）创建刀具 10。设置【类型】为【hole_making】，【刀具子类型】为【BORE】，【刀具】为【GENERIC_MACHINE】，【名称】为【D25BORING】，【直径】为【25】，【颈部直径】为【20】，【拐角半径】为【0】，【长度】为【80】，【刀具号】为【10】，【补偿寄存器】为【10】，如图 1-1-19 所示，单击【确定】按钮，完成刀具 10 的创建。

图 1-1-18　刀具 9 参数设置

图 1-1-19　刀具 10 参数设置

20）所有刀具创建完毕后如图 1-1-20 所示。

（二）零件粗加工

1）在【工序导航器】空白处右击，选择【程序顺序视图】，单击【菜单】→【插入】→【工序】按钮，弹出【创建工序】对话框。设置【类型】为【mill_planar】，【工序子类型】为【PLANAR_MILL】，【程序】为【PROGRAM】，【刀具】为【D25R5】，【几何体】为【WORKPIECE】，【方法】为【MILL_ROUGH】，【名称】为【MILL_ROUGH-1】，如图 1-1-21 所示。单击【确定】按钮，弹出【平面铣-【MILL_ROUGH】】对话框，如图 1-1-22 所示。

2）单击【选择或编辑部件边界】按钮，弹出【部件边界】对话框，如图 1-1-23 所示。在【边界】选项组中设置【选择方法】为"曲线"，【边界类型】为【封闭】，【平面】为【指定】，单击【指定平面对话框】按钮，弹出【平面】对话框，如图 1-1-24 所示。输入【距离】为【1】，单击【确定】按钮，选择【刀具侧】为【外侧】，

工序导航器 - 机床

名称	刀轨
GENERIC_MACHINE	
未用项	
D25R5	
D16R0	
D8R4	
D10DKZ	
D17DRILL	
D11DRILL	
D11.8DRILL	
D12R0	
D12REAMER	
D25BORING	

图 1-1-20　刀具列表

然后顺序选择如图 1-1-25 所示的边，单击【确定】按钮，再单击【确定】按钮，完成指定部件边界。

图 1-1-21 创建侧面粗加工工序

图 1-1-22 侧面粗加工工序参数设置

图 1-1-23 边界几何体

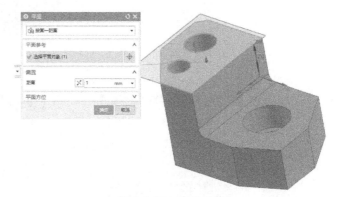

图 1-1-24 定义平面

3）单击【指定底面】按钮，弹出【平面】对话框，选择图 1-1-26 所示平面作为此操作的加工底面。

4）如图 1-1-27 所示，设置【切削模式】为【轮廓】，【步距】为【%刀具平直】，【平面直径百分比】为【50】，【附加刀路】为【0】。单击【切削层】按钮，弹出【切削层】对话框，如图 1-1-28 所示，设置【类型】为【恒定】，【公共】为【1.5】，单击【确定】按钮，完成切削层设置。

5）单击【切削参数】按钮，选择【余量】选项卡，设置【部件余量】为【0.5】，如图 1-1-29 所示。单击【确定】按钮，完成切削参数设置。

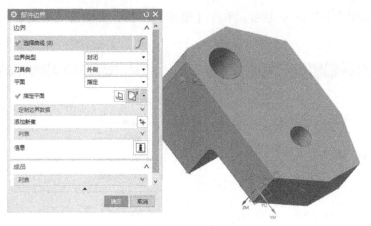

图 1-1-25　创建边界

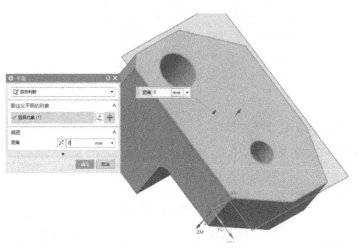

图 1-1-26　设置粗加工底面

图 1-1-27　刀轨设置

图 1-1-28　切削深度设置

6）单击【进给率和速度】按钮，弹出【进给率和速度】对话框，设置【主轴速度（rpm）】为【1800】，【切削】为【1200】，如图1-1-30所示。单击【确定】按钮，完成进给率和速度设置。

图1-1-29　【切削参数】设置

图1-1-30　【进给率和速度】设置

7）单击【生成】按钮，如图1-1-31所示，得到零件侧面的粗加工刀轨，如图1-1-32所示。单击【确定】按钮，完成零件侧面粗加工刀轨的创建。

图1-1-31　生成刀轨

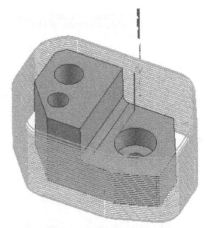

图1-1-32　零件侧面粗加工刀轨

8）单击【菜单】→【插入】→【工序】按钮，弹出【创建工序】对话框，设置【类型】为【mill_planar】，【工序子类型】为【FACE_MILL】（带边界面铣），【程序】为【PRO-GRAM】，【刀具】为【D25R5】，【几何体】为【WORKPIECE】，【方法】为【MILL_ROUGH】，【名称】为【MILL_ROUGH-2】，如图1-1-33所示。单击【确定】按钮，弹出【面铣-【MILL_ROUGH-2】】对话框，如图1-1-34所示。

图 1-1-33 创建台阶面粗加工工序

图 1-1-34 台阶面粗加工工序参数设置

9）单击【选择或编辑面几何体】按钮，弹出【毛坯边界】对话框，设置【选择方法】为【面】，选择图 1-1-35 所示零件表面，单击【确定】按钮。

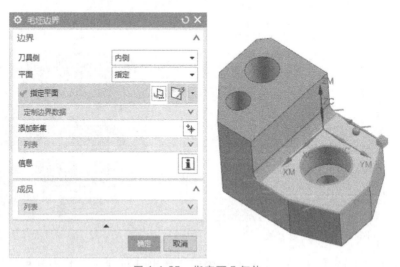

图 1-1-35 指定面几何体

10）如图 1-1-36 所示，设置【切削模式】为【往复】，【步距】为【%刀具平直】，【平面直径百分比】为【75】，【毛坯距离】为【26】，【每刀切削深度】为【1.5】，【最终底面余量】为【0.5】。单击【进给率和速度】按钮，弹出【进给率和速度】对话框，设置【主轴速度（rpm）】为【1800】，【切削】为【1200】，如图 1-1-37 所示。单击【确定】按钮，完成进给率和速度设置。

图 1-1-36　刀轨设置

图 1-1-37　进给率和速度设置

11）单击【生成】按钮，得到零件台阶面的粗加工刀轨，如图 1-1-38 所示。单击【确定】按钮，完成零件台阶面粗加工刀轨的创建。

（三）精铣零件外轮廓

1）单击【菜单】→【插入】→【工序】按钮，弹出【创建工序】对话框，设置【类型】为【mill_planar】，【工序子类型】为【PLANAR_MILL】，【程序】为【PRO-GRAM】，【刀具】为【D16R0】，【几何体】为【WORK-PIECE】，【方法】为【MILL_FINISH】，【名称】为【MILL_FINISH-1】，如图 1-1-39 所示。单击【确定】按钮，弹出【平面铣-【MILL_ROUGH】】对话框，如图 1-1-40 所示。

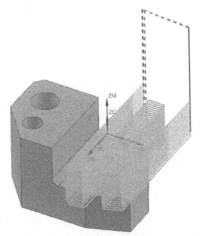

图 1-1-38　生成零件台阶面粗加工刀轨

2）单击【选择或编辑部件边界】按钮，弹出【部件边界】对话框，选择【曲线】模式，设置【边界类型】为【封闭】，【平面】选择【自动】，【刀具侧】为【外侧】，然后顺序选择图 1-1-41 所示的边，单击【确定】按钮，再单击【确定】按钮，完成指定部件边界。

3）单击【选择或编辑底平面几何体】按钮，弹出【平面】对话框，如图 1-1-42 所示。在【距离】文本框中输入【-21】，单击【确定】按钮，然后进行刀轨设置，设置【切削模式】为【轮廓】，【步距】为【% 刀具平直】，【平面直径百分比】为【50】，【附加刀路】为【0】，如图 1-1-43 所示。

图 1-1-39 创建零件侧面上半部精加工工序

图 1-1-40 零件侧面上半部精加工工序参数设置

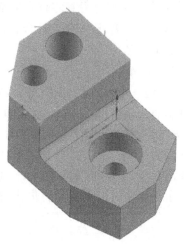

图 1-1-41 创建部件边界

4）单击【切削层】按钮，弹出【切削层】对话框，如图 1-1-44 所示。设置【类型】为【恒定】，【公共】为【8】，单击【确定】按钮，完成切削层设置。单击【进给率和速度】按钮，弹出【进给率和速度】对话框，设置【主轴速度（rpm）】为【2200】，【切削】为【1000】，如图 1-1-45 所示，单击【确定】按钮。

5）单击【非切削移动】按钮，选择【进刀】选项卡，在【开放区域】选项组中将【进刀类型】设置为【圆弧】，如图 1-1-46 所示，单击【确定】按钮。

6）单击【生成】按钮，得到零件侧面上半部分的精加工刀轨，如图 1-1-47 所示。单击

【确定】按钮，完成零件侧面上半部分精加工刀轨的创建。

图 1-1-42 设置精加工底面

图 1-1-43 刀轨设置

图 1-1-44 切削深度设置

图 1-1-45 【进给率和速度】设置

（四）精铣台阶侧面

1）在【工序导航器】中右击【MILL_FINISH-1】工序节点，单击【复制】按钮，如图 1-1-48 所示。在工序导航器中右击【MILL_FINISH-1】工序节点，单击【粘贴】按钮，如图 1-1-49 所示，得到一个新工序，如图 1-1-50 所示。

2）在【工序导航器】中右击【MILL_FINISH-1_COPY】工序节点，单击【重命名】按钮，如图 1-1-51 所示，更改名称为【MILL_FINISH-2】，如图 1-1-52 所示。

3）在【工序导航器】中双击【MILL_FINISH-2】工序节点，弹出【平面铣-【MILL_FINISH-2】】对话框，单击【选择或编辑部件边界】按钮，弹出【部件边界】对话框，如图

1-1-53 所示。单击【移除】按钮，弹出图 1-1-54 所示对话框。

图 1-1-46 【进刀】设置

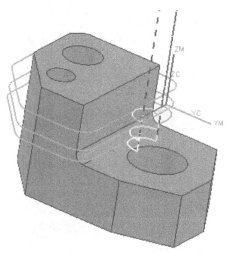

图 1-1-47 零件侧面上半部分精加工刀轨

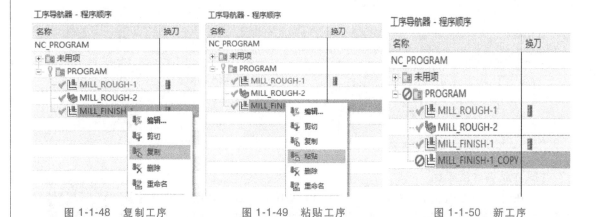

图 1-1-48 复制工序　　　图 1-1-49 粘贴工序　　　图 1-1-50 新工序

4）选择【曲线】模式，设置【边界类型】为【封闭】，【平面】为【指定】，弹出【平面】对话框，如图 1-1-55 所示，在【距离】文本框中输入【-21mm】，单击【确定】按钮；设置【刀具侧】为【外侧】，然后顺序选择图 1-1-56 所示的边，单击【确定】按钮，再单击【确定】按钮，完成指定部件边界。

5）单击【选择或编辑底平面几何体】按钮，弹出【平面】对话框，选择图 1-1-57 所示平面作为此操作的加工底面。

6）单击【生成】按钮，得到零件侧面下半部分精加工刀轨，如图 1-1-58 所示。单击【确定】按钮，完成零件侧面下半部分精加工刀轨的创建。

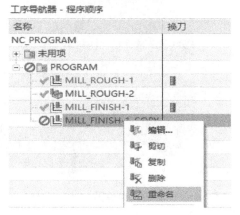

图 1-1-51　重命名

图 1-1-52　重命名结果

图 1-1-53　编辑部件边界

图 1-1-54　边界几何体

（五）精铣零件顶面及台阶面

1）单击【菜单】→【插入】→【工序】按钮，弹出【创建工序】对话框，设置【类型】为【mill_planar】，【工序子类型】为【FACE_MILL】（带边界面铣），【程序】为【PROGRAM】，【刀具】为【D16R0】，【几何体】为【WORKPIECE】，【方法】为【MILL_FINISH】，【名称】为【MILL_FINISH-3】，如图 1-1-59 所示。单击【确定】按钮，弹出【面铣-【MILL_FINISH-3】】对话框，如图 1-1-60 所示。

图 1-1-55　平面定义

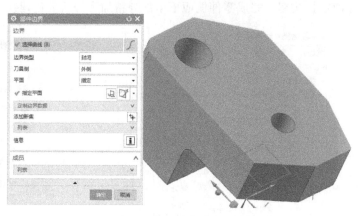

图 1-1-56　创建部件边界

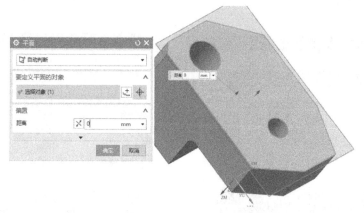

图 1-1-57　设置加工底面

2）单击【选择或编辑面几何体】
按钮，弹出【毛坯边界】对话框，设置
【刀具侧】为【内侧】，选择图 1-1-61 所
示两个平面，指定第一个面后，单击
【添加新集】后选择第二个面，单击
【确定】按钮。

3）进行【刀轨设置】，如图 1-1-62
所示。设置【进给率和速度】，如
图 1-1-63 所示。

4）单击【生成】按钮，得到零件
顶面及台阶面的精铣加工刀轨，如
图 1-1-64 所示。单击【确定】按钮，
完成零件顶面及台阶面精加工刀轨的
创建。

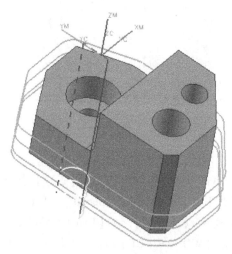

图 1-1-58　零件侧面下半部分精加工刀轨

图 1-1-59　创建零件顶面及台阶面精铣工序

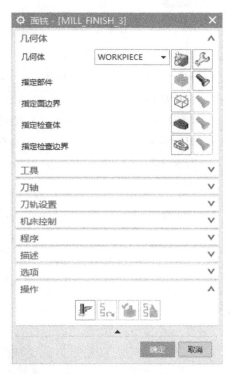

图 1-1-60　零件顶面及台阶面精铣参数设置

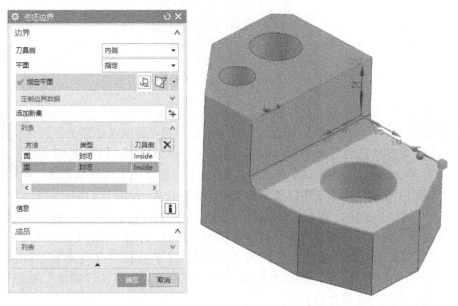

图 1-1-61　指定加工面

图 1-1-62 刀轨设置

图 1-1-63 设置【进给率和速度】

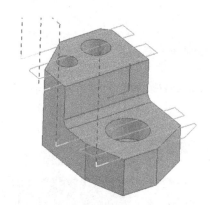

图 1-1-64 零件顶面及台阶面精铣加工刀轨

（六）铣圆角

1）创建圆角。单击【菜单】→【插入】→【工序】按钮，弹出【创建工序】对话框，设置【类型】为【mill_planar】，【工序子类型】为【PLANAR_MILL】，【程序】为【PROGRAM】，【刀具】为【D8R4】，【几何体】为【WORKPIECE】，【方法】为【MILL_FINISH】，【名称】为【MILL_FINISH-4】，如图 1-1-65 所示。单击【确定】按钮，弹出【平面铣-【MILL_FINISH-4】】对话框，如图 1-1-66 所示。

2）单击【选择或编辑部件边界】按钮，弹出【部件边界】对话框，如图 1-1-67 所示，选择【曲线】模式，设置【边界类型】为【开放】，【平面】为【自动】，【刀具侧】为【右】，【刀具位置】为【开】，然后选择图 1-1-68 所示的边，单击【确定】按钮，再单击【确定】按钮，完成指定部件边界。

3）单击【选择或编辑底平面几何体】按钮，弹出【平面】对话框，选择图 1-1-69 所示平面作为此操作的加工底面，单击【确定】按钮。

图 1-1-65　创建铣圆角工序

图 1-1-66　铣圆角工序参数设置

图 1-1-67　边界几何体

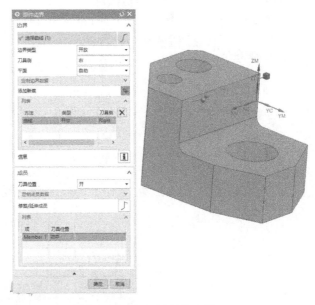

图 1-1-68　创建边界

4）进行【刀轨设置】，如图 1-1-70 所示。设置【进给率和速度】，如图 1-1-71 所示。

5）单击【生成】按钮，得到零件的圆角精加工刀轨，如图 1-1-72 所示。单击【确定】按钮，完成零件圆角精加工刀轨的创建。

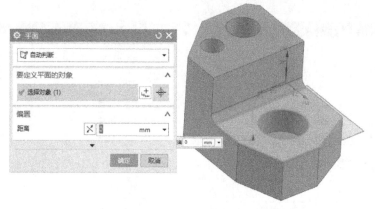

图 1-1-69　设置底面

图 1-1-70　刀轨设置

图 1-1-71　设置【进给率和速度】

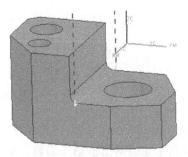

图 1-1-72　零件圆角精加工刀轨

（七）钻中心孔

1）单击【菜单】→【插入】→【工序】按钮，弹出【创建工序】对话框，设置【类型】为【hole_making】，【工序子类型】为【SPOT_DRILLING】，【程序】为【PROGRAM】，【刀具】为【D10DKZ】，【几何体】为【WORK-PIECE】，【方法】为【DRILL_METHOD】，【名称】为【DRILL-1】，如图1-1-73所示。单击【确定】按钮，弹出【定心钻-【DRILL-1】】对话框，如图1-1-74所示。

图 1-1-73　创建钻中心孔工序

图 1-1-74　钻中心孔工序参数设置

2）单击【选择或编辑特征几何体】按钮，弹出【特征几何体】对话框，选择图1-1-75所示3个孔，单击【深度】右侧的小锁图标，改为用户定义模式，在【深度】文本框中输入【4】，按<Enter>键，单击【确定】按钮，完成特征几何体的选择。

3）在【刀轨设置】界面设置【循环】为【钻】，如图1-1-76所示。

4）单击【进给率和速度】按钮，弹出图1-1-77所示对话框，设置【主轴速度（rpm）】为【1500】，【切削】为【300】，单击【确定】按钮，完成操作。

5）单击【生成】按钮，得到零件中心孔的加工刀轨，如图1-1-78所示。单击【确定】按钮，完成钻中心孔刀轨的创建。

（八）钻 φ17mm 通孔

1）单击【菜单】→【插入】→【工序】按钮，弹出【创建工序】对话框，设置【类型】为【hole_making】，【工序子类型】为【DRILLING】，【程序】为【PROGRAM】，【刀具】为【D17DRILL】，【几何体】为【WORKPIECE】，

【方法】为【DRILL_METHOD】，【名称】为【DRILL-2】，单击【确定】按钮，弹出【钻孔-【DRILL-2】】对话框。单击【选择或编辑特征几何体】按钮，选择图 1-1-79 所示孔，单击【确定】按钮，完成操作。

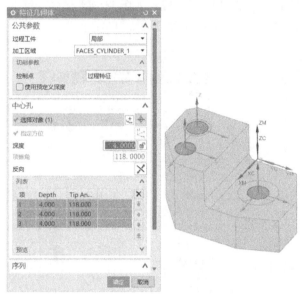

图 1-1-75 选择特征几何体   图 1-1-76 选择【循环】类型

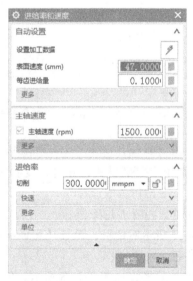

图 1-1-77 进给率和速度设置

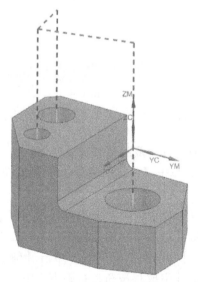

图 1-1-78 钻中心孔刀轨

2）设置【循环】类型为【钻】。

3）单击【进给率和速度】按钮，设置【主轴速度（rpm）】为【600】，【切削】为【80】，单击【确定】按钮，完成操作。单击【生成】按钮，得到零件 φ17mm 通孔的加工刀轨，如图 1-1-80 所示。单击【确定】按钮，完成钻 φ17mm 通孔刀轨的创建。

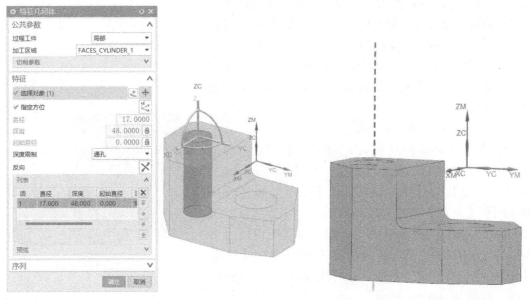

图 1-1-79 选择 φ17mm 通孔　　　　　　图 1-1-80 钻 φ17mm 通孔刀轨

（九）钻 φ11mm 通孔

1）单击【菜单】→【插入】→【工序】按钮，弹出【创建工序】对话框，设置【类型】为【hole_making】，【工序子类型】为【DRILLING】，【程序】为【PROGRAM】，【刀具】为【D11DRILL】，【几何体】为【WORK-PIECE】，【方法】为【DRILL_METHOD】，【名称】为【DRILL-3】，单击【确定】按钮。弹出【钻孔-【DRILL-3】】对话框。单击【选择或编辑特征几何体】按钮，选择图 1-1-81 所示孔，勾选【使用预定义深度】，在【深度】文本框中输入【23】，设置【深度限制】为【通孔】，单击【确定】按钮，完成操作。

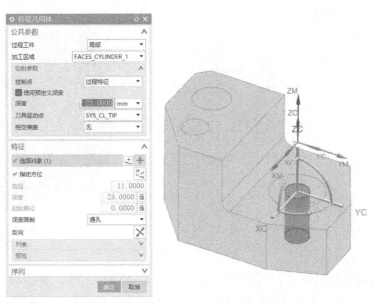

图 1-1-81 选择 φ11mm 通孔

2）设置【循环】类型为【钻】。单击【进给率和速度】按钮，设置【主轴速度（rpm）】为【800】，【切削】为【100】，单击【确定】按钮，完成操作。单击【生成】按钮，得到零件 φ11mm 通孔的加工刀轨，如图 1-1-82 所示。单击【确定】按钮，完成钻 φ11mm 通孔刀轨的创建。

（十）钻 φ11.8mm 不通孔

1）单击【菜单】→【插入】→【工序】按钮，弹出【创建工序】对话框，设置【类型】为【hole_making】，【工序子类型】为【DRILLING】，【程序】为【PROGRAM】，【刀具】为【D11.8DRILL】，【几何体】为【WORKPIECE】，【方法】为【DRILL_METHOD】，【名称】为【DRILL-4】，单击【确定】按钮，弹出【钻孔-【DRILL-4】对话框，单击【选择或编辑特征几何体】按钮，选择图 1-1-83 所示孔，设置【深度限制】为【盲孔】，单击【确定】按钮，完成操作。

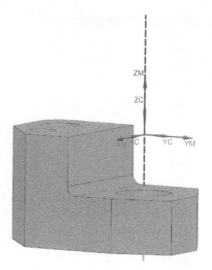

图 1-1-82　钻 φ11mm 通孔刀轨

2）设置【循环】类型为【钻】。单击【进给率和速度】按钮，设置【主轴速度（rpm）】为【800】，【切削】为【100】，单击【确定】按钮，完成操作。单击【生成】按钮，得到零件 φ11.8mm 不通孔的加工刀轨，如图 1-1-84 所示。单击【确定】按钮，完成钻 φ11.8mm 不通孔刀轨的创建。

图 1-1-83　选择 φ11.8mm 不通孔

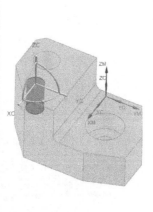

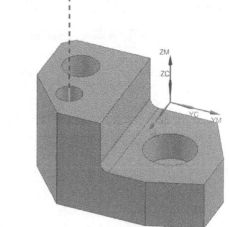

图 1-1-84　φ11.8mm 不通孔加工刀轨

（十一）铣 φ25mm 孔

1）单击【菜单】→【插入】→【工序】按钮，弹出【创建工序】对话框，设置【类型】为【mill_planar】，【工序子类型】为【PLANAR_MILL】，【程序】为【PROGRAM】，【刀具】为【D12R0】，【几何体】为【WORKPIECE】，【方法】为【MILL_ROUGH】，【名称】为【MILL_ROUGH-3】，单击【确定】按钮，弹出【平面铣-【MILL_ROUGH-3】】对话框。

2）单击【选择或编辑部件边界】按钮，弹出【部件边界】对话框，选择【曲线】模式，设置【边界类型】为【封闭】，【平面】为【自动】，【刀具侧】为【内侧】，然后选择图 1-1-85 所示的边，单击【确定】按钮，再单击【确定】按钮，完成指定部件边界。

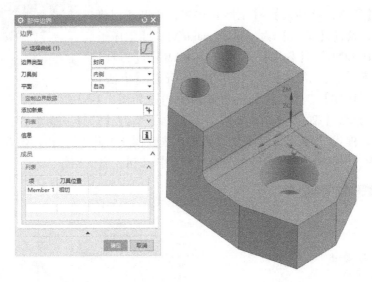

图 1-1-85　创建边界

3）单击【选择或编辑底平面几何体】按钮，弹出【平面】对话框，选择图 1-1-86 所示平面，单击【确定】按钮。进行刀轨设置，设置【切削模式】为【跟随周边】，【步距】为【%刀具平直】，【平面直径百分比】为【50】，如图 1-1-87 所示。

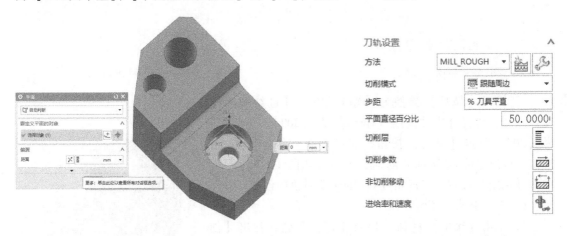

图 1-1-86　指定底面　　　　　　　　图 1-1-87　刀轨设置

4）单击【切削层】按钮，弹出【切削层】对话框，设置【类型】为【恒定】，【公共】为【1】，单击【确定】按钮，完成切削层设置。单击【切削参数】按钮，设置【部件余量】为【0.3】，单击【确定】按钮，完成操作。单击【进给率和速度】按钮，设置【切削】为【800】，设置【主轴速度（rpm）】为【1800】，单击【确定】按钮，完成操作。单击【生成】按钮，得到零件φ25mm孔的加工刀轨，如图1-1-88所示。

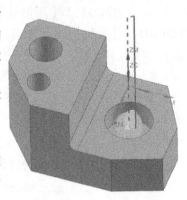

图1-1-88　铣φ25mm孔刀轨

（十二）精铰φ12mm孔

1）单击【菜单】→【插入】→【工序】按钮，弹出【创建工序】对话框，设置【类型】为【hole_making】，【工序子类型】为【DRILLING】，【程序】为【PROGRAM】，【刀具】为【D12REAMER】，【几何体】为【WORKPIECE】，【方法】为【DRILL_METHOD】，【名称】为【REAM-1】，如图1-1-89所示。单击【确定】按钮，弹出【钻孔-【REAM-1】】对话框。单击【选择或编辑特征几何体】按钮，弹出【特征几何体】对话框，选择图1-1-90所示孔，设置【加工区域】为【MODEL_DEPTH】，单击【确定】按钮，完成操作。

图1-1-89　创建精铰孔工序

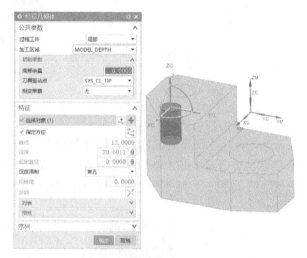

图1-1-90　选择φ12mm孔

2）设置【循环】类型为【钻】。单击【进给率和速度】按钮，设置【主轴速度（rpm）】为【300】，【切削】为【30】，单击【确定】按钮，完成操作。单击【生成】按钮，得到零件φ12mm孔的加工刀轨，如图1-1-91所示。单击【确定】按钮，完成精铰φ12mm孔刀轨的创建。

（十三）精镗φ25mm孔

1）单击【菜单】→【插入】→【工序】按钮，弹出【创建工序】对话框，设置【类型】为【hole_making】，【工序子类型】为【DRILLING】，【程序】为【PROGRAM】，【刀具】为【D25BORE】，【几何体】为【WORKPIECE】，【方

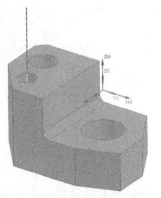

图1-1-91　精铰φ12mm孔刀轨

法】为【DRILL_METHOD】，【名称】为【BORING-1】，如图 1-1-92 所示。
单击【确定】按钮，弹出【钻孔-【BORING-1】】对话框。单击【选择或编辑特征几何体】按钮，弹出【特征几何体】对话框，选择图 1-1-93 所示孔，单击【确定】按钮，完成操作。

2）设置【循环】类型为【钻，镗】，单击【进给率和速度】按钮，设置【主轴速度（rpm）】为【400】，【切削】为【40】，单击【确定】按钮，完成操作。单击【生成】按钮，得到零件 $\phi25$mm 孔的加工刀轨。单击【确定】按钮，完成镗 $\phi25$mm 孔刀轨的创建。

图 1-1-92　创建镗孔工序

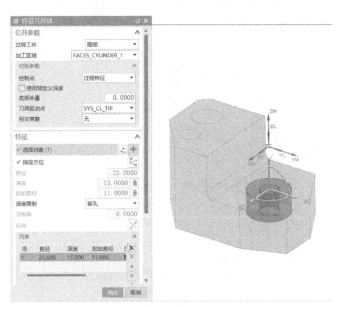

图 1-1-93　选择 $\phi25$mm 孔

三、仿真加工

在【工序导航器】中选择【PROGRAM】并右击，选择【刀轨】→【确认】，如图 1-1-94 所示，弹出【刀轨可视化】对话框，选择【2D 动态】，如图 1-1-95 所示，单击【播放】按钮，开始仿真加工。

仿真结果如图 1-1-96 所示。

四、零件加工

按照设备管理要求，对加工中心进行点检，确保设备完好，特别注意气压、油压、室内温度是否合格。对机床通电开机，并将机床各坐标轴回零，然后对机床进行低转速预热、主轴润滑。

对照工艺要求将机用平口钳装到机床工作台上，使用百分表校准机用平口钳钳口与机床X 轴平行，使误差小于 0.01mm。将垫块及毛坯清洁后安装到机用平口钳中，在机用平口钳夹紧过程中，用橡胶锤轻轻敲打工件，以确保工件和垫块充分接触。

对照工艺要求，准备好所有刀具和相应的刀柄和夹头，将刀具安装到对应的刀柄上，调整刀具伸出长度。刀具伸出长度必须与编程时软件内的设置一致，使用对刀仪测量刀具长度并输入机床刀具参数表中，然后将装有刀具的刀柄按刀具号装入刀库。

图 1-1-94 刀轨仿真操作

图 1-1-95 【刀轨可视化】对话框

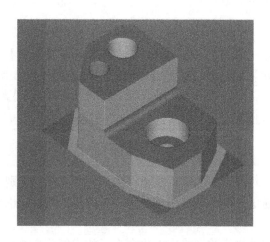

图 1-1-96 仿真结果

对刀和程序传输完成后，将机床模式切换到自动方式，按下循环启动键，即可开始自动加工。在加工过程中，由于是首件第一次加工，所以要密切注意加工状态，有问题要及时停止。

专家点拨

1）在编制任何一个零件的加工程序前，必须要仔细分析零件图样和零件模型，并编制合理的加工工艺。

2）在 NX CAM 中编制零件加工程序时，要考虑零件的装夹。一般对于块类零件的小批量生产，可以采用加厚毛坯以供夹持，等正面全部加工完后，翻面装夹，铣去夹持部分，保证总厚即可。

3）在粗加工时应尽可能提高效率，精加工时要保证质量。

4）为保证表面质量，精加工要求采用圆弧进刀的方式。

课后训练

1）根据图 1-1-97 所示内凹零件的特征，制定合理的工艺路线，设置必要的加工参数，生成刀轨，通过相应的后处理生成数控加工程序，并运用机床加工零件。

2）根据图 1-1-98 所示含岛屿零件的特征，制定合理的工艺路线，设置必要的加工参数，生成刀轨，通过相应的后处理生成数控加工程序，并运用机床加工零件。

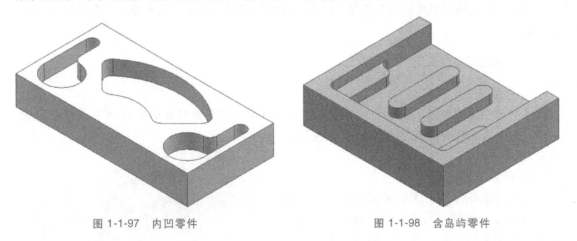

图 1-1-97　内凹零件　　　　　　　　　图 1-1-98　含岛屿零件

项目 2　水壶凹模的数控编程与加工

教学目标

能力目标

1）能编制水壶凹模加工工艺卡。

2）能使用 NX 12.0 软件编制水壶凹模的三轴加工程序。

3）能操作三轴加工中心完成水壶凹模的加工。

知识目标

1）掌握型腔铣几何体设置方法。

2）掌握固定轮廓铣几何体设置方法。

3）掌握清根加工几何体设置方法。

4）掌握切削策略设置方法。

5）掌握非切削运动设置方法。

素养目标

激发读者积极向上，培养追求卓越的精神。

项目导读

本项目所涉及水壶凹模为水壶注射模中的核心零件，在模具中起成型作用。此水壶凹模为典型型腔零件，主要由曲面组成。在编程与加工过程中要特别注意曲面的表面粗糙度。

工作任务

本工作任务的内容为：分析水壶凹模的零件模型，明确加工内容和加工要求，对加工内容进行合理的工序划分，确定加工路线，选用加工设备，选用刀具和夹具，制定加工工艺卡；运用 NX 软件编制水壶凹模的加工程序并进行仿真加工，操作三轴加工中心完成水壶凹模的加工。

一、制定加工工艺

1. 模型分析

水壶凹模模型如图 1-2-1 所示，其结构比较简单，主要由曲面特征组成。零件材料为 40Cr，为中碳合金钢，性能优良，广泛应用于模具制造，可加工性比较好。

2. 制定工艺路线

水壶凹模零件经 1 次装夹完成加工，毛坯为 6 面精加工块料，毛坯外形无须加工，采用机用平口钳夹持毛坯，使用三轴加工中心完成加工。

1）备料：40Cr 六面精磨块料，尺寸为 215mm×135mm×40mm，可通过外协加工或者安排前道工序得到。

图 1-2-1　水壶凹模模型

2）用机用平口钳夹持毛坯，粗铣型腔，留 1mm 余量。

3）二次粗铣型腔，留 0.5mm 余量。

4）精铣型腔。

5）小圆弧清根。

6）抛光。

3. 加工设备选用

选用 HV-40A 立式铣削加工中心作为加工设备。

4. 毛坯选用

本项目中水壶凹模材料为 40Cr，根据模具加工特点，选用尺寸为 215mm×135mm×40mm 的六面精磨块料，外形无须加工，如图 1-2-2 所示。

5. 装夹方式的选用

零件经 1 次装夹，用机用平口钳加持已经过精加工的块料外形，装夹示意图如图 1-2-3 所示。

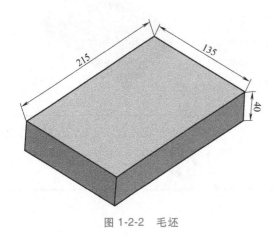

图 1-2-2　毛坯

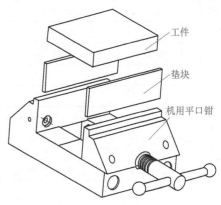

图 1-2-3　装夹示意图

6. 制作工艺卡

以 1 次装夹作为 1 道工序，制定加工工艺卡，见表 1-2-1 和表 1-2-2。

表 1-2-1　工序清单

零件号:76695987		工艺版本号:0	工艺流程卡-工序清单		
工序号	工序内容	工位	页码:1		页数:2
001	备料(40Cr,215mm×135mm×40mm)	采购	零件号:76695987		版本:0
002	铣型腔	加工中心	零件名称:水壶凹模		
003	抛光	钳工	材料:40Cr		
004			材料尺寸:215mm×135mm×40mm		
005			更改号	更改内容	批准	日期
006						
007			01			
008						

拟制:	日期:	审核:	日期:	批准:	日期:	

表 1-2-2 铣型腔工艺卡

零件号:76695987			工序名称:铣型腔		工艺流程卡-工序单	
材料:40Cr		页码:2		工序号:02		版本号:0
夹具:机用平口钳		工位:加工中心		数控程序号:76695987-01:NC		

刀具及参数设置				
刀具号	刀具规格	加工内容	主轴转速	进给速度
T01	D16R1 铣刀	粗加工	S2600	F800
T02	D8R1 铣刀	二次粗加工	S3200	F1200
T03	D6R3 铣刀	精加工	S4000	F1800
T04	D3R1.5 铣刀	清根	S4500	F1200

01			
更改号	更改内容	批准	日期
拟制: 日期:	审核: 日期:	批准:	日期:

二、编制加工程序

(一) 加工准备

1) 打开模型文件单击【应用模块】→【加工】按钮,弹出【加工环境】对话框,设置【CAM 会话配置】为【cam_general】,【要创建的 CAM 组装】为【mill_contour】,如图 1-2-4 所示。然后,单击【确定】按钮,进入加工模块。

2) 在【工序导航器】空白处右击,选择【几何视图】命令,如图 1-2-5 所示。

图 1-2-4 【加工环境】设置

图 1-2-5 选择【几何视图】命令

3）双击【工序导航器】中的【MCS_MILL】，弹出【MCS铣削】对话框，设置【安全距离】为【50】，如图1-2-6所示。

4）单击【指定MCS】中的【坐标系】，弹出【坐标系】对话框，选择【参考坐标系】中的【WCS】，单击【确定】按钮，使加工坐标系和工作坐标系重合，如图1-2-7所示。再单击【确定】按钮，完成加工坐标系设置。

5）双击【工序导航器】中的【WORKPIECE】，弹出【工件】对话框，如图1-2-8所示。

6）单击【选择或编辑部件几何体】，弹出【部件几何体】对话框，选择图1-2-9所示实件模型为部件，单击【确定】按钮，完成指定部件。

图 1-2-6　加工坐标系设置（一）

图 1-2-7　加工坐标系设置（二）

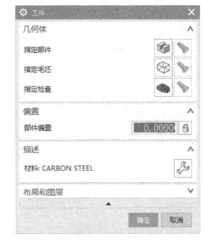

图 1-2-8　【工件】设置

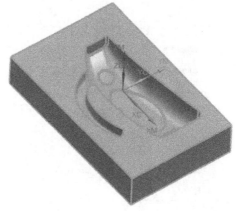

图 1-2-9　指定部件

7）单击【选择或编辑毛坯几何体】，弹出【毛坯几何体】对话框，选择【包容块】作为毛坯，【包容块】余量设置如图 1-2-10 所示。单击【确定】按钮，完成毛坯选择，单击【确定】按钮，完成【工件】设置。

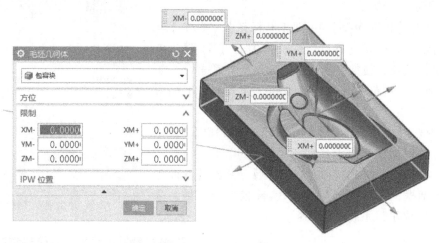

图 1-2-10 毛坯设置

8）在【工序导航器】空白处右击，选择【机床视图】，单击【创建刀具】按钮，弹出【创建刀具】对话框，如图 1-2-11 所示。设置【类型】为【mill_contour】，【刀具子类型】为【MILL】，【刀具】为【GENERIC_MACHINE】，【名称】为【D16R1】，单击【确定】按钮，弹出【铣刀-5 参数】对话框，如图 1-2-12 所示。

9）设置刀具 1 参数，如图 1-2-12 所示。设置【直径】为【16】，【下半径】为【1】，

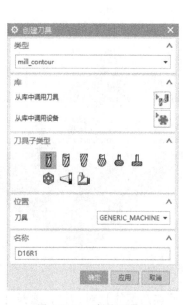

图 1-2-11 创建刀具 1

图 1-2-12 刀具 1 参数设置

【长度】为【75】，【刀刃长度】为【50】，【刀刃】为【2】，【刀具号】为【1】，【补偿寄存器】为【1】，【刀具补偿寄存器】为【1】，单击【确定】按钮，完成刀具1的创建。

10）创建刀具2。设置【类型】为【mill_contour】，【刀具子类型】为【MILL】，【刀具】为【GENERIC_MACHINE】，【名称】为【D8R1】，【直径】为【8】，【下半径】为【1】，【长度】为【75】，【刀刃长度】为【50】，【刀刃】为【2】，【刀具号】为【2】，【补偿寄存器】为【2】，【刀具补偿寄存器】为【2】。

11）创建刀具3。设置【类型】为【mill_contour】，【刀具子类型】为【BALL_MILL】，【刀具】为【GENERIC_MACHINE】，【名称】为【D6R3】，【球直径】为【6】，【长度】为【75】，【刀刃长度】为【50】，【刀刃】为【2】，【刀具号】为【3】，【补偿寄存器】为【3】，【刀具补偿寄存器】为【3】。

12）创建刀具4。设置【类型】为【mill_contour】，【刀具子类型】为【BALL_MILL】，【刀具】为【GENERIC_MACHINE】，【名称】为【D3R1.5】，【球直径】为【3】，【长度】为【75】，【刀刃长度】为【50】，【刀刃】为【2】，【刀具号】为【4】，【补偿寄存器】为【4】，【刀具补偿寄存器】为【4】。

（二）粗加工

1）在【工序导航器】空白处右击，选择【程序顺序视图】，单击【菜单】→【插入】→【工序】按钮，弹出【创建工序】对话框，设置【类型】为【mill_contour】，【工序子类型】为【CAVITY_MILL】（型腔铣），【程序】为【PROGRAM】，【刀具】为【D16R1】，【几何体】为【WORKPIECE】，【方法】为【MILL_ROUGH】，【名称】为【MILL_ROUGH-1】，如图1-2-13所示。单击【确定】按钮，弹出【型腔铣-【MILL_ROUGH】】对话框，如图1-2-14所示。

图1-2-13　创建粗加工工序1

图1-2-14　粗加工工序1参数设置

2）设置【切削模式】为【跟随周边】，【步距】为【%刀具平直】，【平面直径百分比】为【50】，【公共每刀切削深度】为【恒定】，【最大距离】为【1mm】，如图 1-2-15 所示。单击【切削参数】按钮，选择【余量】选项卡，设置【部件侧面余量】为【1】，如图 1-2-16 所示。

图 1-2-15　刀轨设置

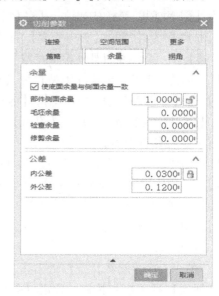

图 1-2-16　【切削参数】设置

3）单击【进给率和速度】按钮，设置【主轴速度（rpm）】为【2600】，【切削】为【800mmpm】，如图 1-2-17 所示。单击【生成】按钮，得到零件粗加工刀轨 1，如图 1-2-18 所示。

图 1-2-17　【进给率和速度】设置

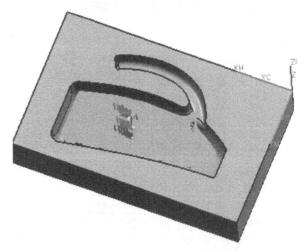

图 1-2-18　零件粗加工刀轨 1

（三）二次粗加工

1）单击【菜单】→【插入】→【工序】按钮，弹出【创建工序】对话框，设置【类型】为【mill_contour】，【工序子类型】为【CAVITY_MILL】（型腔铣），【程序】为【PROGRAM】，【刀具】为【D8R1】，【几何体】为【WORK-

PIECE】，【方法】为【MILL_ROUGH】，【名称】为【MILL_ROUGH-2】，如图 1-2-19 所示。单击【确定】按钮，弹出【型腔铣-【MILL_ROUGH】】对话框，如图 1-2-20 所示。

图 1-2-19 创建粗加工工序 2

图 1-2-20 粗加工工序 2 参数设置

2）设置【切削模式】为【跟随周边】，【步距】为【%刀具平直】，【平面直径百分比】为【50】，【公共每刀切削深度】为【恒定】，【最大距离】为【0.5mm】，如图 1-2-21 所示。单击【切削参数】按钮，设置【部件侧面余量】为【0.5】，如图 1-2-22 所示。选择【空间范围】选项卡，设置【过程工件】为【使用基于层的】，如图 1-2-23 所示。单击【进给率

图 1-2-21 刀轨设置

图 1-2-22 【切削参数】设置

和速度】按钮,设置【主轴速度(rpm)】为【3200】,【切削】为【1200mmpm】。单击【生成】按钮,得到零件粗加工刀轨 2,如图 1-2-24 所示。

图 1-2-23 【空间范围】设置

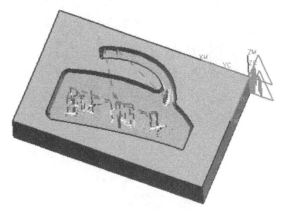

图 1-2-24 零件粗加工刀轨 2

(四) 精加工

1) 单击【菜单】→【插入】→【工序】按钮,弹出【创建工序】对话框,设置【类型】为【mill_contour】,【工序子类型】为【ZLEVEL_PRO-FILE】(深度轮廓铣),【程序】为【PROGRAM】,【刀具】为【D6R3】,【几何体】为【WORKPIECE】,【方法】为【MILL_FINISH】,【名称】为【MILL_FINISH-1】,如图 1-2-25 所示。单击【确定】按钮,弹出【深度轮廓铣-【MILL_FINISH】】对话框,如图 1-2-26 所示。

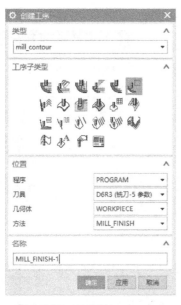

图 1-2-25 创建精加工工序 1

图 1-2-26 精加工工序 1 参数设置

2）单击【选择或编辑切削区域几何体】，弹出【切削区域】对话框，选择图 1-2-27 所示加工面，单击【确定】按钮，完成切削区域指定操作。

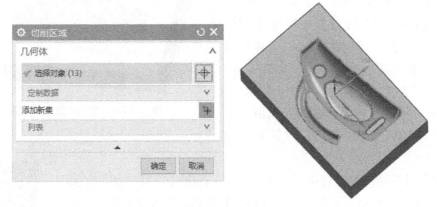

图 1-2-27　指定切削区域

3）设置【陡峭空间范围】为【仅陡峭的】，【角度】为【55】，【合并距离】为【3mm】，【最小切削长度】为【1mm】，【公共每刀切削深度】为【恒定】，【最大距离】为【0.2mm】，如图 1-2-28 所示。单击【切削参数】按钮，选择【连接】选项卡，设置【层到层】为【直接对部件进刀】；选择【策略】选项卡，设置【切削方向】为【混合】，单击【确定】按钮，如图 1-2-29 所示。单击【进给率和速度】按钮，设置【主轴速度（rpm）】为【4000】，【切削】为【1800mmpm】。

4）单击【生成】按钮，得到零件精加工刀轨 1，如图 1-2-30 所示。

图 1-2-28　刀轨设置

图 1-2-29　【切削参数】设置

5）单击【菜单】→【插入】→【工序】按钮，弹出【创建工序】对话框，设置【类型】为【MILL_CONTOUR】，【工序子类型】为【FIXED_CONTOUR】，【程序】为【PROGRAM】，【刀具】为【D6R3】，【几何体】为【WORKPIECE】，【方法】为【MILL_FINISH】，【名称】为【MILL_FINISH-2】，如图1-2-31所示。单击【确定】按钮，弹出【固定轮廓铣-【MILL_FINISH】】对话框，如图1-2-32所示。

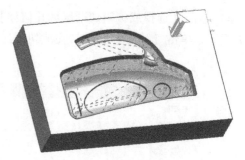

图 1-2-30　零件精加工刀轨 1

6）单击【选择或编辑切削区域几何体】，弹出【切削区域】对话框，选择图1-2-33所示加工面，单击【确定】按钮，完成切削区域指定操作。

7）打开【驱动方法】选项组，设置【方法】为【区域铣削】，弹出【区域铣削驱动方法】对话框，如图1-2-34所示。设置【陡峭空间范围】中的【方法】为【非陡峭】，【陡峭壁角度】为【65】，【非陡峭切削模式】为【往复】，【切削方向】为【顺铣】，【步距】为【残余高度】，【最大残余高度】为【0.01】，【步距已应用】为【在部件上】，【切削角】为【指定】，【与XC的夹角】为【45】，如图1-2-35所示。单击【确定】按钮，完成操作。

图 1-2-31　创建精加工工序 2

图 1-2-32　精加工工序 2 参数设置

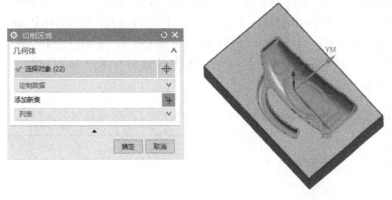

图 1-2-33　指定切削区域

图 1-2-34　【驱动方法】设置

图 1-2-35　区域铣削参数设置

8）在【刀轨设置】选项组中，设置【方法】为【MILL_FINISH】，如图 1-2-36 所示。单击【进给率和速度】按钮，设置【主轴速度（rpm）】为【4000】，【切削】为【1800mmpm】，如图 1-2-37 所示。

图 1-2-36　刀轨设置

9）单击【生成】按钮，得到零件精加工刀轨 2，如图 1-2-38 所示。

（五）清根

1）单击【菜单】→【插入】→【工序】按钮，弹出【创建工序】对话框，设置【类型】

为【mill_contour】，【工序子类型】为【FLOWCUT_REF_TOOL】（清根参考刀具），【程序】为【PROGRAM】，【刀具】为【D3R1.5】，【几何体】为【WORKPIECE】，【方法】为【MILL_FINISH】，【名称】为【MILL_FINISH-3】，如图1-2-39所示。单击【确定】按钮，弹出【清根参考刀具-【MILL_FINISH】】对话框，如图1-2-40所示。

图1-2-37 【进给率和速度】设置

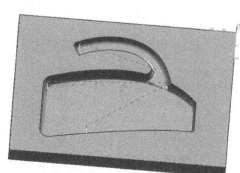

图1-2-38 零件精加工刀轨2

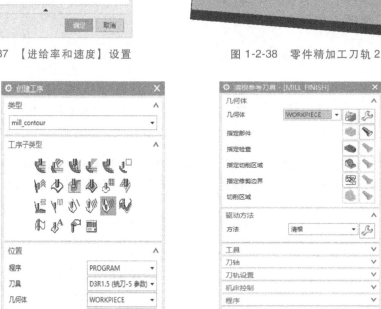

图1-2-39 创建清根工序　　　　　　图1-2-40 清根工序参数设置

2）单击【选择或编辑切削区域几何体】，弹出【切削区域】对话框，选择图1-2-41所示加工面，单击【确定】按钮，完成切削区域指定操作。

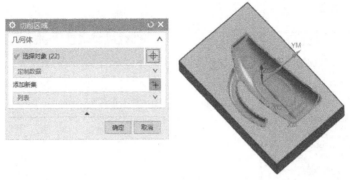

图 1-2-41　指定切削区域

3）在【驱动方法】选项组中单击【编辑】按钮，设置【非陡峭切削模式】为【往复】、【切削方向】为【混合】、【步距】为【0.05mm】、【顺序】为【由内向外】、【参考刀具】为【D6R3】、【重叠距离】为【1】，如图 1-2-42 所示。单击【进给率和速度】按钮，设置【主轴速度（rpm）】为【4500】、【切削】为【1200mmpm】，如图 1-2-43 所示。单击【确定】按钮，完成操作。

图 1-2-42　【清根驱动方法】设置

图 1-2-43　【进给率和速度】设置

4）单击【生成】按钮，得到零件清根加工刀轨，如图 1-2-44 所示。

三、仿真加工

1）零件仿真加工。在【工序导航器】中选择【PROGRAM】并右击，选择【刀轨】→【确认】，如图 1-2-45 所示，弹出【刀轨可视化】对话框，选择【2D 动态】选项卡，如图 1-2-46 所示。单击【播

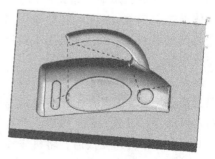

图 1-2-44　零件清根加工刀轨

放】按钮，开始仿真加工。

图 1-2-45　刀轨确认

图 1-2-46　【刀轨可视化】对话框

2）仿真结果如图 1-2-47 所示。

四、零件加工

按照设备管理要求，对加工中心进行点检，确保设备完好，特别注意气压、油压、室内温度是否合格。对机床通电开机，并将机床各坐标轴回零，然后对机床进行低转速预热、主轴润滑。

仔细清洁机床工作台和机用平口钳底面，对照工艺要求将机用平口钳装到机床工作台上，使用百分表校准机用平口钳钳口与机床 X 轴平行，使误差小于 0.01mm。将垫块及工件清洁

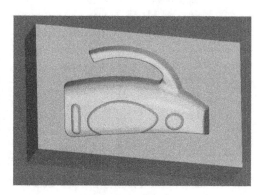

图 1-2-47　仿真结果

后安装到机用平口钳中，在机用平口钳夹紧过程中，用橡胶锤轻轻敲打工件，确保工件和垫块充分接触。

对照工艺要求，准备好所有刀具和相应的刀柄和夹头，将刀具安装到对应的刀柄上，调整刀具伸出长度。刀具伸出长度必须与编程时软件内的设置一致，使用对刀仪测量刀具长度并输入机床刀具参数表中，然后将装有刀具的刀柄按刀具号装入刀库。

对刀和程序传输完成后，将机床模式切换到自动方式，按下循环启动键，即可开始自动加工，在加工过程中，由于是首件第一次加工，所以要密切注意加工状态，有问题要及时

停止。

1）在型腔铣中，切削区域如果做了选择，则只加工所选的切削区域；切削区域如果没选，则加工整个零件。

2）模具类零件一般材料硬度比较高，在选择刀具时可以优先考虑采用带圆角立铣刀粗加工，球头铣刀精加工。

3）深度轮廓适用于陡峭壁曲面的精加工，固定轮廓中的区域铣削适用于非陡峭壁曲面的精加工。

1）根据图 1-2-48 所示壳体凹模零件的特征，制定合理的工艺路线，设置必要的加工参数，生成刀轨，通过相应的后处理生成数控加工程序，并运用机床加工零件。

2）根据图 1-2-49 所示壳体凸模零件的特征，制定合理的工艺路线，设置必要的加工参数，生成刀轨，通过相应的后处理生成数控加工程序，并运用机床加工零件。

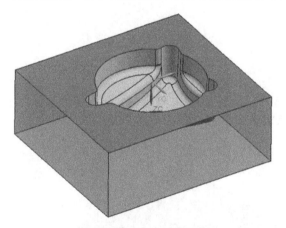

图 1-2-48　壳体凹模零件

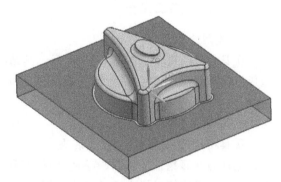

图 1-2-49　壳体凸模零件

项目3　玩具相机凸模的数控编程与加工

能力目标

1）能编制玩具相机凸模加工工艺卡。

2）能使用 NX 12.0 软件编制玩具相机凸模的三轴加工程序。

3）能操作三轴加工中心完成玩具相机凸模的加工。

知识目标

1）掌握型腔铣几何体设置方法。

2）掌握固定轮廓铣和深度轮廓铣几何体设置方法。

3）掌握清根加工几何体设置方法。

4）掌握非切削运动设置方法。

素养目标

激发读者更加自信，培养用户至上的精神。

项目导读

本项目所涉及的玩具相机凸模为玩具相机注射模具中的核心零件，在模具中起成型作用。此玩具相机凸模为典型型芯零件，主要由曲面和平面组成。在编程与加工过程中要特别注意曲面的表面粗糙度。

工作任务

本工作任务的内容为：分析玩具相机凸模的零件模型，明确加工内容和加工要求，对加工内容进行合理的工序划分，确定加工路线，选用加工设备，选用刀具和夹具，制定加工工艺卡；运用 NX 软件编制玩具相机凸模的加工程序并进行仿真加工，操作三轴加工中心完成玩具相机凸模的加工。

一、制定加工工艺

1. 模型分析

玩具相机凸模模型如图 1-3-1 所示，其结构比较简单，主要由曲面、平面、圆弧面特征组成。零件材料为 40Cr，为中碳合金钢，性能优良，广泛应用于模具制造，可加工性比较好。

2. 制定工艺路线

玩具相机凸模零件经 1 次装夹完成加工，毛坯为 6 面精加工块料，毛坯外形无须加工，采用机用平口钳夹持毛坯，使用三轴加工中心完成加工。

1）备料：40Cr 6 面精磨块料，尺寸为 160mm×110mm×43mm，可通过外协加工或者安排前道工序得到。

2）用机用平口钳夹持毛坯，粗加工，留 1mm 余量。

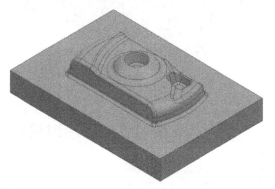

图 1-3-1 玩具相机凸模模型

3）二次粗加工，留 0.3mm 余量。

4）凹腔粗加工，留 0.3mm 余量。

5）平面精加工。

6）凹腔精加工。

7）曲面精加工。

8）清根。

9）抛光。

3. 加工设备选用

选用 HV-40A 立式铣削加工中心作为加工设备。

4. 毛坯选用

该玩具相机凸模材料为 40Cr，根据模具加工特点，毛坯选用尺寸为 160mm×110mm×43mm 的 6 面精磨块料，高度方向留 0.5mm 余量，外形无须加工，如图 1-3-2 所示。

5. 装夹方式的选用

零件经 1 次装夹，用机用平口钳加持已经过精加工的块料外形，装夹示意图如图 1-3-3 所示。

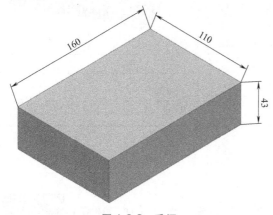

图 1-3-2　毛坯

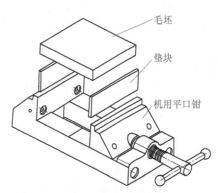

图 1-3-3　装夹示意图

6. 制作工艺卡

以 1 次装夹作为 1 道工序，制定加工工艺卡，见表 1-3-1 和表 1-3-2。

表 1-3-1　工序清单

零件号:857146		工艺版本号:0	工艺流程卡-工序清单		
工序号	工序内容	工位	页码:1		页数:2
001	备料(40Cr,160mm×110mm×43mm)	采购	零件号:857146		版本:0
002	铣型芯	加工中心	零件名称:玩具相机凸模		
003	抛光	钳工	材料:40Cr		
004			材料尺寸:160mm×110mm×43mm		
005			更改号	更改内容	批准	日期
006						
007			01			
008						

拟制:	日期:	审核:	日期:	批准:	日期:

表 1-3-2　铣型芯工艺卡

零件号:857146		工序名称:铣型芯		工艺流程卡-工序单	
材料:40Cr		页码:2		工序号:02	版本号:0
夹具:机用平口钳		工位:加工中心		数控程序号:857146-01. NC	
刀具及参数设置					
刀具号	刀具规格	加工内容	主轴转速	进给速度	
T01	D25R5 铣刀	粗加工	S1800	F1200	
T02	D10R1 铣刀	二次粗加工	S2600	F1400	
T03	D6R0.5 铣刀	凹腔粗加工	S3200	F1000	
T04	D5R0 铣刀	平面精加工	S3600	F800	
T05	D6R3 铣刀	凹腔精加工	S3500	F1600	
T05	D6R3 铣刀	曲面精加工	S3500	F1600	
T06	D3R1.5 铣刀	清根	S4500	F1000	

01				
更改号	更改内容	批准	日期	
拟制:	日期:	审核:	日期:	批准:	日期:

二、编制加工程序

(一) 加工准备

1) 打开模型文件,单击【应用模块】→【加工】按钮,弹出【加工环境】对话框,设置【CAM 会话配置】为【cam_general】,【要创建的 CAM 组装】为【mill_planar】,如图 1-3-4 所示。单击【确定】按钮,进入加工模块。

2) 在【工序导航器】空白处右击,选择【几何视图】命令,如图 1-3-5 所示。

图 1-3-4　加工环境设置

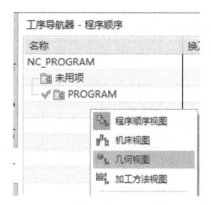

图 1-3-5　选择【几何视图】命令

3) 双击【工序导航器】中的【MCS_MILL】,弹出【MCS 铣削】对话框,设置【安全距离】为【50】,如图 1-3-6 所示。

4）单击【指定 MCS】中的【坐标系】按钮，弹出【坐标系】对话框，设置【参考坐标系】中的【参考】为【WCS】，单击【确定】按钮，使加工坐标系与工作坐标系重合，如图 1-3-7 所示。再单击【确定】按钮，完成加工坐标系设置。

图 1-3-6　加工坐标系设置（一）

图 1-3-7　加工坐标系设置（二）

5）双击【工序导航器】中的【WORKPIECE】，弹出【工件】对话框，如图 1-3-8 所示。

6）单击【选择或编辑部件】几何体，弹出【部件几何体】对话框，选择图 1-3-9 所示实体模型为部件，单击【确定】按钮，完成指定部件。

7）单击【选择或编辑毛坯】几何体，弹出【毛坯几何体】对话框，选择【包容块】作为毛坯，包容块余量设置如图 1-3-10 所示。单击【确定】按钮，完成毛坯选择，再单击【确定】按钮，完成毛坯设置。

8）在【工序导航器】空白处右击，选择【机床视图】命令，单击【菜单】→【插入】→【刀具】按钮，弹出【创建刀具】对话框，如图 1-3-11 所示。设置【类型】为【mill_planar】，【刀具子类型】为【MILL】，【刀具】为【GENERIC_MACHINE】，【名称】为【D25R5】，单击【确定】按钮，弹出【铣刀-5 参数】对话框，如图 1-3-12 所示。

图 1-3-8　【工件】对话框

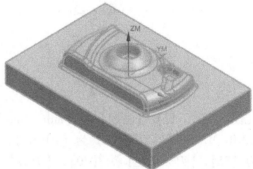

图 1-3-9　指定部件

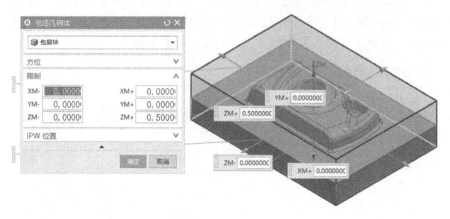

图 1-3-10　毛坯设置

9）设置刀具 1 参数，如图 1-3-12 所示。设置【直径】为【25】，【下半径】为【5】，【长度】为【75】，【刀刃长度】为【50】，【刀刃】为【2】，【刀具号】为【1】，【补偿寄存器】为【1】，【刀具补偿寄存器】为【1】，单击【确定】按钮，完成刀具 1 的创建。

图 1-3-11　创建刀具 1

图 1-3-12　刀具 1 参数设置

10）创建刀具 2。设置【类型】为【mill_planar】，【刀具子类型】为【MILL】，【刀具】为【GENERIC_MACHINE】，【名称】为【D10R1】，【直径】为【10】，【下半径】为【1】，【长度】为【75】，【刀刃长度】为【50】，【刀刃】为【2】，【刀具号】为【2】，【补偿寄存器】为【2】，【刀具补偿寄存器】为【2】。

11）创建刀具3。设置【类型】为【mill_planar】，【刀具子类型】为【MILL】，【刀具】为【GENERIC_MACHINE】，【名称】为【D6R0.5】，【直径】为【6】，【下半径】为【0.5】，【长度】为【75】，【刀刃长度】为【50】，【刀刃】为【2】，【刀具号】为【3】，【补偿寄存器】为【3】，【刀具补偿寄存器】为【3】。

12）创建刀具4。设置【类型】为【mill_planar】，【刀具子类型】为【MILL】，【刀具】为【GENERIC_MACHINE】，【名称】为【D5R0】，【直径】为【5】，【下半径】为【0】，【长度】为【75】，【刀刃长度】为【50】，【刀刃】为【2】，【刀具号】为【4】，【补偿寄存器】为【4】，【刀具补偿寄存器】为【4】。

13）创建刀具5。设置【类型】为【mill_planar】，【刀具子类型】为【BALL_MILL】，【刀具】为【GENERIC_MACHINE】，【名称】为【D6R3】，【球直径】为【6】，【长度】为【75】，【刀刃长度】为【50】，【刀刃】为【2】，【刀具号】为【5】，【补偿寄存器】为【5】，【刀具补偿寄存器】为【5】。

14）创建刀具6。设置【类型】为【mill_planar】，【刀具子类型】为【BALL_MILL】，【刀具】为【GENERIC_MACHINE】，【名称】为【D3R1.5】，【球直径】为【3】，【长度】为【75】，【刀刃长度】为【50】，【刀刃】为【2】，【刀具号】为【6】，【补偿寄存器】为【6】，【刀具补偿寄存器】为【6】。

（二）粗加工

1）在【工序导航器】空白处右击，选择【程序顺序视图】命令，单击【菜单】→【插入】→【工序】按钮，弹出【创建工序】对话框，设置【类型】为【mill_contour】，【工序子类型】为【CAVITY_MILL】（型腔铣），【程序】为【PROGRAM】，【刀具】为【D25R5】，【几何体】为【WORKPIECE】，【方法】为【MILL_ROUGH】，【名称】为【MILL_ROUGH-1】，如图1-3-13所示。单击【确定】按钮，弹出【型腔铣-【MILL_ROUGH】】对话框，如图1-3-14所示。

图1-3-13 创建粗加工工序1

图1-3-14 粗加工工序1参数设置

2）设置【切削模式】为【跟随部件】，【步距】为【%刀具平直】，【平面直径百分比】为【50】，【公共每刀切削深度】为【恒定】，【最大距离】为【1mm】，如图1-3-15所示。单击【切削参数】按钮，设置【部件侧面余量】为【1】，如图1-3-16所示。

图1-3-15　刀轨设置　　　　　　　　　图1-3-16　【切削参数】设置

3）单击【进给率和速度】按钮，设置【主轴速度（rpm）】为【1800】，【切削】为【1200mmpm】，如图1-3-17所示。单击【生成】按钮，得到零件粗加工刀轨1，如图1-3-18所示。

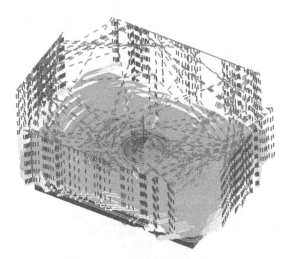

图1-3-17　【进给率和速度】设置　　　　图1-3-18　零件粗加工刀轨1

（三）二次粗加工

1）单击【菜单】→【插入】→【工序】按钮，弹出【创建工序】对话框，设置【类型】为【mill_contour】，【工序子类型】为【CAVITY_MILL】（型腔铣），【程序】为【PROGRAM】，【刀具】为【D10R1】，【几何体】为【WORK-

PIECE】,【方法】为【MILL_ROUGH】,【名称】为【MILL_ROUGH-2】,如图1-3-19所示。单击【确定】按钮,弹出【型腔铣-【MILL_ROUGH】】对话框,如图1-3-20所示。

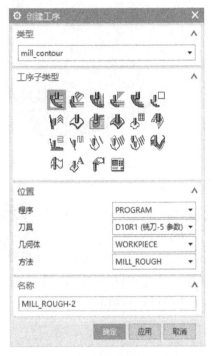

图1-3-19 创建粗加工工序2

图1-3-20 粗加工工序2参数设置

2)在【刀轨设置】选项组中设置【方法】为【MILL_ROUGH】,【切削模式】为【跟随部件】,【步距】为【%刀具平直】,【平面直径百分比】为【70】,【公共每刀切削深度】为【恒定】,【最大距离】为【0.6mm】,如图1-3-21所示。单击【切削参数】按钮,设置【部件侧面余量】为【0.5】,如图1-3-22所示;选择【空间范围】选项卡,设置【过程工件】为【使用基于层的】,如图1-3-23所示。单击【进给率和速度】按钮,设置【主轴速度(rpm)为【2600】,【切削】为【1400mmpm】。单击【生成】按钮,得到零件粗加工刀轨2,如图1-3-24所示。

图1-3-21 刀轨设置

图1-3-22 【余量】设置

图 1-3-23 【空间范围】设置

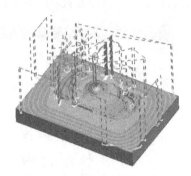

图 1-3-24 零件粗加工刀轨 2

(四) 凹腔粗加工

1) 单击【菜单】→【插入】→【工序】按钮，弹出【创建工序】对话框，设置【类型】为【mill_contour】，【工序子类型】为【CAVITY_MILL】（型腔铣），【程序】为【PROGRAM】，【刀具】为【D6R0.5】，【几何体】为【WORKPIECE】，【方法】为【MILL_ROUGH】，【名称】为【MILL_ROUGH-3】，如图 1-3-25 所示。单击【确定】按钮，弹出【型腔铣-【MILL_ROUGH】】对话框，如图 1-3-26 所示。

图 1-3-25 创建凹腔粗加工工序

图 1-3-26 凹腔粗加工工序参数设置

2) 单击【选择或编辑切削区域几何体】，弹出【切削区域】对话框，选择图 1-3-27 所示零件表面。

3) 设置【切削模式】为【跟随部件】，【步距】为【%刀具平直】，【平面直径百分比】为【50】，【公共每刀切削深度】为【恒定】，【最大距离】为【0.4mm】，如图 1-3-28 所示。单击【切削参数】按钮，设置【部件侧面余量】为【0.3】，如图 1-3-29 所示。选择【策

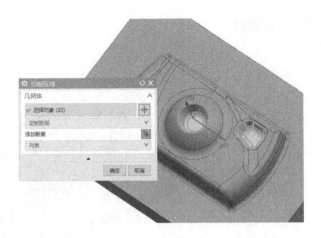

图 1-3-27　指定切削区域

略】选项卡，设置【切削顺序】为【深度优先】，如图 1-3-30 所示。选择【空间范围】选项卡，设置【过程工件】为【使用基于层的】，如图 1-3-31 所示。

图 1-3-28　刀轨设置

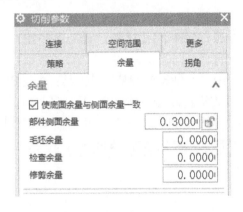

图 1-3-29　【余量】设置

图 1-3-30　【策略】设置

图 1-3-31　【空间范围】设置

4）单击【进给率和速度】按钮，设置【主轴速度（rpm）】为【3200】，【切削】为【1000mmpm】，如图 1-3-32 所示。单击【生成】按钮，得到零件凹腔粗加工刀轨，如图 1-3-33 所示。

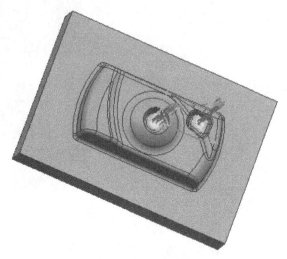

图 1-3-32 【进给率和速度】设置

图 1-3-33 零件凹腔粗加工刀轨

（五）平面精加工

1）单击【菜单】→【插入】→【工序】按钮，弹出【创建工序】对话框，设置【类型】为【mill_planar】，【工序子类型】为【FACE_MILL】（带边界面铣），【程序】为【PROGRAM】，【刀具】为【D5R0】，【几何体】为【WORK-PIECE】，【方法】为【MILL_FINISH】，【名称】为【MILL_FINISH-1】，如图 1-3-34 所示。单击【确定】按钮，弹出【面铣-【MILL_FINISH】】对话框，如图 1-3-35 所示。

图 1-3-34 创建零件平面精加工工序

图 1-3-35 零件平面精加工工序参数设置

2）单击【选择或编辑面几何体】，弹出【毛坯边界】对话框，选择图 1-3-36 所示 3 个平面，单击【确定】按钮，完成操作。

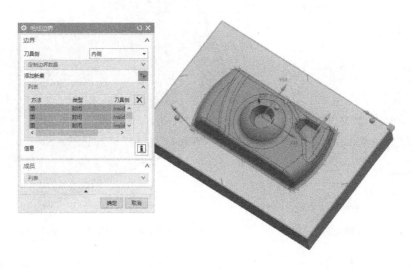

图 1-3-36　指定加工面

3）在【刀轨设置】选项组中设置【方法】为【MILL_FINISH】，【切削模式】为【跟随周边】，【步距】为【%刀具平直】，【平面直径百分比】为【50】，【毛坯距离】为【3】，如图 1-3-37 所示。单击【切削参数】按钮，选择【策略】选项卡，勾选【添加精加工刀路】，如图 1-3-38 所示。

图 1-3-37　刀轨设置

图 1-3-38　【策略】设置

4）单击【进给率和速度】按钮，设置【主轴速度（rpm）】为【3600】，【切削】为【800mmpm】，如图 1-3-39 所示。单击【生成】按钮，得到零件的平面精加工刀轨，如图 1-3-40 所示。单击【确定】按钮，完成零件平面精加工刀轨的创建。

图 1-3-39　【进给率和速度】设置

图 1-3-40　零件平面精加工刀轨

（六）凹腔精加工

1）单击【菜单】→【插入】→【工序】按钮，弹出【创建工序】对话框，设置【类型】为【mill_contour】，【工序子类型】为【ZLEVEL_PROFILE】（深度轮廓铣），【程序】为【PROGRAM】，【刀具】为【D6R3】，【几何体】为【WORK-PIECE】，【方法】为【MILL_FINISH】，【名称】为【MILL_FINISH-2】，如图 1-3-41 所示。单击【确定】按钮，弹出【深度轮廓铣-【MILL_FINISH】】对话框，如图 1-3-42 所示。

图 1-3-41　创建凹腔精加工工序

图 1-3-42　凹腔精加工工序参数设置

2）单击【选择或编辑切削区域几何体】，弹出【切削区域】对话框，选择图 1-3-43 所示加工面，单击【确定】按钮，完成切削区域指定操作。

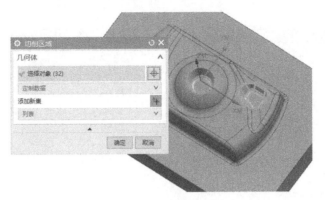

图 1-3-43　指定切削区域

3）设置【陡峭空间范围】为【无】，【合并距离】为【3mm】，【最小切削长度】为【1mm】，【公共每刀切削深度】为【恒定】，【最大距离】为【0.1mm】，如图 1-3-44 所示。单击【进给率和速度】按钮，设置【主轴速度（rpm）】为【3500】，【切削】为【1600mmpm】，如图 1-3-45 所示。

图 1-3-44　刀轨设置

图 1-3-45　【进给率和速度】设置

4）单击【切削参数】按钮，选择【策略】选项卡，设置【切削方向】为【混合】，【切削顺序】为【深度优先】，如图 1-3-46 所示。选择【连接】选项卡，设置【层到层】为【直接对部件进刀】，如图 1-3-47 所示。

5）单击【生成】按钮，得到零件凹腔精加工刀轨，如图 1-3-48 所示。

（七）曲面精加工

1）单击【菜单】→【插入】→【工序】按钮，弹出【创建工序】对话框，设置【类型】为【mill_contour】，【工序子类型】为【FIXED_CONTOUR】（固定轮廓铣），【程序】为【PROGRAM】，【刀具】为【D6R3】，【几何体】

为【WORKPIECE】，【方法】为【MILL_FINISH】，【名称】为【MILL_FINISH-3】，如图 1-3-49 所示。单击【确定】按钮，弹出【固定轮廓铣-【MILL_FINISH】】对话框，如图 1-3-50 所示。

图 1-3-46　【策略】设置

图 1-3-47　【连接】设置

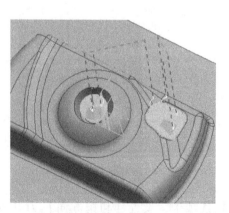

图 1-3-48　零件凹腔精加工刀轨

图 1-3-49　创建曲面精加工工序

2）单击【选择或编辑切削区域】，弹出【切削区域】对话框，选择图 1-3-51 所示加工面，单击【确定】按钮，完成切削区域指定操作。

3）在【驱动方法】选项组中设置【方法】为【区域铣削】，如图 1-3-52 所示，弹出【区域铣削驱动方法】对话框。设置【陡峭空间范围】中的【方法】为【无】，【非陡峭切削模式】为【往复】，【切削方向】为【顺铣】，【步距】为【残余高度】，【最大残余高度】为【0.01】，【步距已应用】为【在平面上】，【切削角】为【指定】，【与 XC 的夹角】为

【45】，如图1-3-53所示。单击【确定】按钮，完成操作。

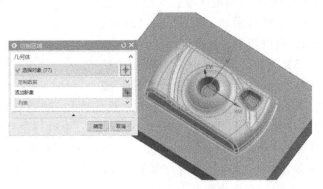

图1-3-50　曲面精加工工序参数设置　　　　　图1-3-51　指定切削区域

4）单击【进给率和速度】按钮，设置【主轴速度（rpm）】为【3500】，【切削】为【1600mmpm】。单击【生成】按钮，得到零件曲面精加工刀轨，如图1-3-54所示。

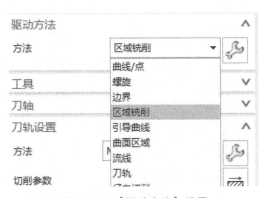

图1-3-52　【驱动方法】设置　　　　　图1-3-53　【区域铣削驱动方法】设置

（八）清根

1）单击【菜单】→【插入】→【工序】按钮，弹出【创建工序】对话框，设置【类型】为【mill_contour】，【工序子类型】为【FLOWCUT_REF_TOOL】（清根参考刀具），【程序】为【PROGRAM】，【刀具】为【D3R1.5】，【几何

体】为【WORKPIECE】,【方法】为
【MILL_FINISH】,【名称】为【MILL_
FINISH-4】,如图 1-3-55 所示,单击
【确定】按钮,弹出【清根参考刀具-
【MILL_FINISH-4】】对话框,如
图 1-3-56 所示。

2)单击【选择或编辑切削区域几
何体】,弹出【切削区域】对话框,选
择图 1-3-57 所示加工面,单击【确定】
按钮,完成切削区域指定操作。

3)设置【驱动方法】选项组中的
【方法】为【清根】,单击【编辑】按

图 1-3-54　零件曲面精加工刀轨

钮,设置【清根类型】为【参考刀具偏置】,陡峭壁角度为【65°】,【非陡峭切削模式】
为【往复】,【步距】为【0.05mm】,【顺序】为【由内向外】,【参考刀具】为
【D6R3】,【重叠距离】为【0.5】,如图 1-3-58 所示。单击【进给率和速度】按钮,设置
【主轴速度(rpm)】为【4500】,【切削】为【1000mmpm】,如图 1-3-59 所示。单击【确
定】按钮,完成操作。

图 1-3-55　创建清根工序

图 1-3-56　清根工序参数设置

4)单击【生成】按钮,得到零件清根加工刀轨,如图 1-3-60 所示。

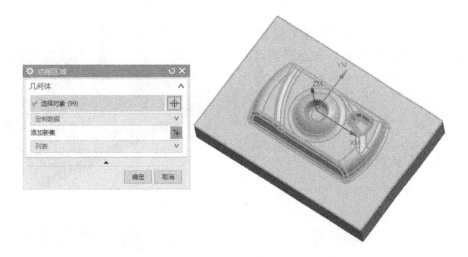

图 1-3-57 指定切削区域

图 1-3-58 【清根驱动方法】设置

图 1-3-59 【进给率和速度】设置

三、仿真加工

1）零件仿真加工。在【工序导航器】中选择【PROGRAM】并右击，选择【刀轨】→【确认】命令，如图 1-3-61 所示，弹出【刀轨可视化】对话框，选择【2D 动态】，如图 1-3-62 所示。单击【播放】按钮，开始仿真加工。

2）仿真结果如图 1-3-63 所示。

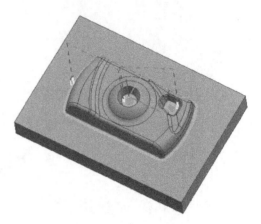

图 1-3-60　零件清根加工刀轨

图 1-3-61　确认刀轨

图 1-3-62　【刀轨可视化】对话框

四、零件加工

按照设备管理要求，对加工中心进行点检，确保设备完好，特别注意气压、油压、室内温度是否合格。对机床通电开机，并将机床各坐标轴回零，然后对机床进行低转速预热、主轴润滑。

仔细清洁机床工作台和机用平口钳底面，对照工艺要求将平口钳装到机床工作台上，使

图 1-3-63　仿真结果

用百分表校准机用平口钳钳口与机床 X 轴平行，确保误差小于 0.01mm。将垫块及工件清洁后安装到机用平口钳中，在机用平口钳夹紧过程中，用橡胶锤轻轻敲打工件，确保工件和垫块充分接触。

对照工艺要求，准备好所有刀具和相应的刀柄和夹头，将刀具安装到对应的刀柄上，调整刀具伸出长度，刀具伸出长度必须与编程时软件内的设置一致，使用对刀仪测量刀具长度并输入机床刀具参数表中，然后将装有刀具的刀柄按刀具号装入刀库。

对刀和程序传输完成后，将机床模式切换到自动方式，按下循环启动键，即可开始自动加工。在加工过程中，由于是首件第一次加工，所以要密切注意加工状态，有问题要及时停止。

专家点拨

1) 【曲线/点】驱动方法中，如果只指定一个驱动点，或者指定几个驱动点使得部件几何体上只定义一个位置，则不会生成刀轨且会显示出错消息。

2) 【区域铣削】驱动方法中，计算【在部件上】的步距所需的时间比计算【在平面上】的更长，不能将【拐角控制】与【在部件上】选项一起使用。

3) 【区域铣削】驱动方法主要用于使用【在部件上】选项时的精加工刀轨，且不支持多个深度。

课后训练

1) 根据图 1-3-64 所示玩具汽车凸模零件的特征，制定合理的工艺路线，设置必要的加工参数，生成刀轨，通过相应的后处理生成数控加工程序，并运用机床加工零件。

2) 根据图 1-3-65 所示手机凸模零件的特征，制定合理的工艺路线，设置必要的加工参数，生成刀轨，通过相应的后处理生成数控加工程序，并运用机床加工零件。

图 1-3-64　玩具汽车凸模零件

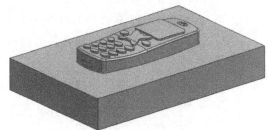

图 1-3-65　手机凸模零件

模块2　四轴铣削加工

四轴铣削加工通常是指四轴联动加工，就是在三个线性轴（X、Y、Z）的基础上增加了一个旋转轴或者摆动轴。相对于传统的三轴铣削加工，四轴加工改变了加工模式，增强了加工能力，提高了零件的复杂度和精度，解决了很多复杂零件的加工难题。

NX CAM 的可变轮廓铣是用于精加工由轮廓曲面形成的区域的加工方法。它可以通过精确控制刀轴和投影矢量，使刀轨沿着非常复杂的曲面轮廓移动，常用于四、五轴铣削加工编程。

项目1　异形轴头的数控编程与加工

教学目标

能力目标

1）能编制异形轴头加工工艺卡。

2）能使用 NX 12.0 软件编制异形轴头的四轴加工程序。

3）能操作四轴加工中心完成异形轴头的加工。

知识目标

1）掌握可变轮廓铣削几何体的设置方法。

2）掌握切削层的设置方法。

3）掌握刀具轴的设置方法。

4）掌握远离直线驱动方法。

素养目标

激发读者独立自主，增强责任意识。

项目导读

本项目所涉及异形轴头为某自动化设备中的一个零件，在机构中起导向作用。此异形轴头为典型的需要四轴联动加工的零件，主要由曲面、平面、圆弧面组成。在异形轴头的编程与加工过程中要特别注意曲面的表面粗糙度。

工作任务

　　本工作任务的内容为：分析异形轴头的零件模型，明确加工内容和加工要求，对加工内容进行合理的工序划分，确定加工路线，选用加工设备，选用刀具和夹具，制定加工工艺卡；运用 NX 软件编制异形轴头的加工程序并进行仿真加工，操作四轴加工中心完成异形轴头的加工。

一、制定加工工艺

1. 模型分析

　　异形轴头零件模型如图 2-1-1 所示，其结构比较简单，主要由曲面、平面、圆弧面特征组成。零件材料为 45 钢，为优质碳素结构钢，综合力学性能较好，应用广泛，可加工性比较好。

2. 制定工艺路线

　　异形轴头零件经 1 次装夹完成加工，毛坯选用直径和长度都已经加工到位的棒料，毛坯外形无须加工，采用自定心卡盘装夹，使用四轴加工中心完成加工。

图 2-1-1　异形轴头零件模型

　　1）备料：45 钢棒料，直径为 90mm，长度为 110mm，可通过外协加工或者安排前道工序得到。

　　2）自定心卡盘夹持，粗加工正面，留 0.3mm 余量。

　　3）粗加工反面。

　　4）精加工平面。

　　5）精加工圆弧面。

　　6）精加工轴头异形面。

3. 加工设备选用

　　选用 AVL650e 四轴立式铣削加工中心作为加工设备。此机床为水平床身，机械手换刀，A 轴为回转分度头，刚性好，加工精度高，适合小型零件的生产，机床主要技术参数和外观见表 2-1-1。

表 2-1-1　机床主要技术参数和外观

主要技术参数		机床外观
X 轴行程/mm	610	
Y 轴行程/mm	510	
Z 轴行程/mm	510	
主轴最高转速/(r/min)	10000	
刀具交换形式	机械手	
四轴	A 轴联动	
数控系统	FANUC　MateC	

4. 毛坯选用

该异形轴头材料为 45 钢，根据零件加工特点，选用直径为 90mm，长度为 110mm 的 45 钢棒料，外径及长度无须加工，如图 2-1-2 所示。

5. 装夹方式选用

异形轴头零件经 1 次装夹，用自定心卡盘加持已经过精加工的毛坯外圆，装夹示意图如图 2-1-3 所示。

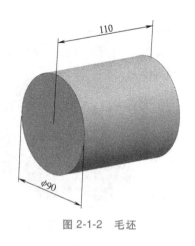

图 2-1-2　毛坯

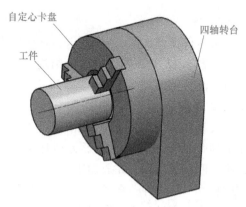

图 2-1-3　装夹示意图

6. 制定工艺卡

以 1 次装夹作为 1 道工序，制定工序清单和加工工艺卡，见表 2-1-2 和表 2-1-3。

表 2-1-2　工序清单

零件号:934875		工艺版本号:0	工艺流程卡-工序清单	
工序号	工序内容	工位	页码:1	页数:2
001	备料(45 钢,φ90mm×110mm)	采购	零件号:934875	版本:0
002	铣轴头	四轴加工中心	零件名称:异形轴头	
003	抛光	钳工	材料:45 钢	
004			材料尺寸:φ90mm×110mm	
005			更改号	更改内容	批准	日期
006						
007			01			
008						

拟制:	日期:	审核:	日期:	批准:	日期:	

表 2-1-3 铣轴头加工工艺卡

零件号:934875			工序名称:铣轴头		工艺流程卡-工序单	
材料:45 钢		页码:2		工序号:02	版本号:0	
夹具:自定心卡盘		工位:四轴加工中心		数控程序号:934875-01. NC		
刀具及参数设置						
刀具号	刀具规格	加工内容	主轴转速	进给速度		
T01	D10R1 铣刀	粗加工正面	S3200	F1200		
T01	D10R1 铣刀	粗加工反面	S3200	F1200		
T02	D6R0 铣刀	精加工平面	S3500	F1200		
T03	D6R3 铣刀	精加工圆弧面	S3800	F1500		
T03	D6R3 铣刀	精加工轴头异形面	S3800	F1500		
01						
更改号	更改内容		批准	日期		
拟制:	日期:	审核:	日期:	批准:	日期:	

二、编制加工程序

(一) 加工准备

1) 打开模型文件,单击【应用模块】→【加工】按钮,弹出【加工环境】
对话框,设置【CAM 会话配置】为【cam_general】,【要创建的 CAM 组装】为
【mill_contour】,如图 2-1-4 所示,单击【确定】按钮,进入加工模块。

2) 在【工序导航器】空白处右击,选择【几何视图】命令,如图 2-1-5 所示。

图 2-1-4 【加工环境】设置

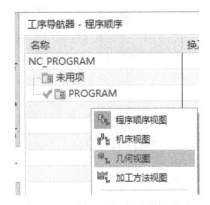

图 2-1-5 选择【几何视图】命令

3）双击【工序导航器】中的【MCS_MILL】，弹出【MCS 铣削】对话框，设置【安全距离】为【50】，如图 2-1-6 所示。

4）单击【指定 MCS】中的【坐标系】按钮，弹出【坐标系】对话框，设置【参考坐标系】中的【参考】为【WCS】，单击【确定】按钮，使加工坐标系和工作坐标系重合，如图 2-1-7 所示。再单击【确定】按钮，完成加工坐标系设置。

图 2-1-6　加工坐标系设置（一）　　　　图 2-1-7　加工坐标系设置（二）

5）双击【工序导航器】中的【WORKPIECE】，弹出【工件】对话框，如图 2-1-8 所示。

6）单击【选择或编辑毛坯几何体】，弹出【毛坯几何体】对话框，选择【几何体】作为毛坯，选择图 2-1-9 所示几何体（此几何体预先在建模模块创建好，在图层 2 中）。单击【确定】按钮，完成毛坯选择，单击【确定】按钮，完成毛坯设置。

图 2-1-8　【工件】设置　　　　　　　图 2-1-9　毛坯设置

7）在【工序导航器】空白处右击，选择【机床视图】命令，单击【菜单】→【插入】→【刀具】按钮，弹出【创建刀具】对话框，如图 2-1-10 所示。设置【类型】为【mill_con-

tour】，【刀具子类型】为【MILL】，【刀具】为【GENERIC_MACHINE】，【名称】为
【D10R1】，单击【确定】按钮，弹出【铣刀-5 参数】对话框，如图 2-1-11 所示，设置【直
径】为【10】，【下半径】为【1】，【长度】为【75】，【刀刃长度】为【50】，【刀刃】为
【2】，【刀具号】为【1】，【补偿寄存器】为【1】，【刀具补偿寄存器】为【1】，单击【确
定】按钮，完成刀具 1 的创建。

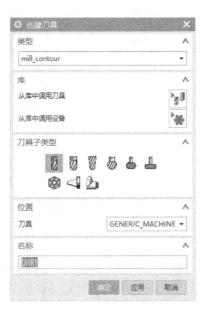

图 2-1-10　创建刀具 1　　　　　　　图 2-1-11　刀具 1 参数设置

8）创建刀具 2。设置【类型】为【mill_contour】，【刀具子类型】为【MILL】，【刀具】
为【GENERIC_MACHINE】，【名称】为【D6R0】，【直径】为【6】，【下半径】为【0】，
【长度】为【75】，【刀刃长度】为【50】，【刀刃】为【2】，【刀具号】为【2】，【补偿寄
存器】为【2】，【刀具补偿寄存器】为【2】。

9）创建刀具 3。设置【类型】为【mill_contour】，【刀具子类型】为【BALL_MILL】，
【刀具】为【GENERIC_MACHINE】，【名称】为【D6R3】，【球直径】为【6】，【长度】为
【75】，【刀刃长度】为【50】，【刀刃】为【2】，【刀具号】为【3】，【补偿寄存器】为
【3】，【刀具补偿寄存器】为【3】。

（二）粗加工正面

1）在【工序导航器】空白处右击，选择【程序顺序视图】命令，单击
【菜单】→【插入】→【工序】按钮，弹出【创建工序】对话框，设置【类型】
为【mill_contour】，【工序子类型】为【CAVITY_MILL】（型腔铣），【程序】
为【PROGRAM】，【刀具】为【D10R1】，【几何体】为【WORKPIECE】，【方法】为

【MILL_ROUGH】,【名称】为【MILL_ROUGH-1】,如图 2-1-12 所示,单击【确定】按钮,弹出【型腔铣-【MILL_ROUGH-1】】对话框,如图 2-1-13 所示。

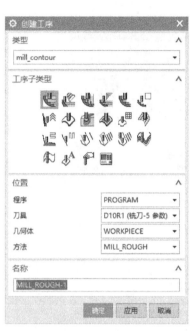

图 2-1-12　创建工序

图 2-1-13　【型腔铣-【MILL_ROUGH-1】】对话框

2）单击【选择或编辑部件几何体】,弹出【部件几何体】对话框,选择图 2-1-14 所示几何体,单击【确定】按钮,完成操作。打开【刀轴】选项组,设置【轴】为【+ZM 轴】,如图 2-1-15 所示。

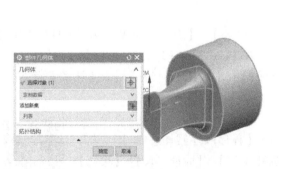

图 2-1-14　指定部件

图 2-1-15　设定刀轴

3）设置【切削模式】为【跟随部件】,【步距】为【%刀具平直】,【平面直径百分比】

为【75】，【公共每刀切削深度】为【恒定】，【最大距离】为【0.6mm】，如图 2-1-16 所示。单击【切削层】按钮，弹出【切削层】对话框，选择坐标系原点，如图 2-1-17 所示。

图 2-1-16 刀轨设置   图 2-1-17 切削层设置

4）单击【切削参数】按钮，设置【部件侧面余量】为【0.3】，如图 2-1-18 所示。选择【连接】选项卡，设置【开放刀路】为【变换切削方向】，如图 2-1-19 所示。

图 2-1-18 【余量】设置   图 2-1-19 【连接】设置

5）单击【进给率和速度】按钮，设置【主轴速度（rpm）】为【3200】，【切削】为【1200mmpm】，如图 2-1-20 所示。单击【生成】按钮，得到零件正面粗加工刀轨，如图 2-1-21 所示。

图 2-1-20 【进给率和速度】设置

图 2-1-21 正面粗加工刀轨

（三）粗加工反面

1）在【工序导航器】中复制操作【MILL_ROUGH-1】，重命名新操作为
【MILL_ROUGH-2】，如图 2-1-22 所示。双击【MILL_ROUGH-2】，弹出【型腔铣-【MILL_ROUGH-2】】对话框，如图 2-1-23 所示。

工序导航器 - 程序顺序

名称

NC_PROGRAM

未用项

PROGRAM

MILL_ROUGH-1

MILL_ROUGH-2

图 2-1-22 复制操作

图 2-1-23 【型腔铣-【MILL_ROUGH-2】】对话框

2）打开【刀轴】选项组，选择【指定矢量】，如图 2-1-24 所示；选择【-ZC】为刀轴，

如图 2-1-25 所示。

图 2-1-24　刀轴设置　　　　　　图 2-1-25　选择【-ZC】为刀轴

3）单击【切削层】按钮，弹出【切削层】对话框，选择坐标系的原点，如图 2-1-26 所示。

4）单击【生成】按钮，得到零件反面粗加工刀轨，如图 2-1-27 所示。

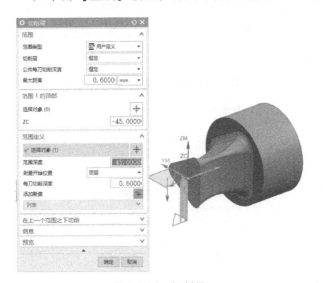

图 2-1-26　切削层　　　　　　　图 2-1-27　零件反面粗加工刀轨

（四）精加工平面

1）单击【菜单】→【插入】→【工序】按钮，弹出【创建工序】对话框，设置【类型】为【mill_multi-axis】，【工序子类型】为【VARIABLE_CONTOUR】（可变轮廓铣），【程序】为【PROGRAM】，【刀具】为【D6R0】，【几何体】为【WORKPIECE】，【方法】为【MILL_FINISH】，【名称】为【MILL_FINISH-1】，如图 2-1-28 所示。单击【确定】按钮，弹出【可变轮廓铣-【MILL_FINISH-1】】对话框，如图 2-1-29 所示。

图 2-1-28 创建平面精加工工序   图 2-1-29 【可变轮廓铣-【MILL_FINISH-1】】对话框

2）在【驱动方法】选项组中设置【方法】为【流线】，如图 2-1-30 所示，弹出图 2-1-31 所示【流线驱动方法】对话框。

图 2-1-30 设置驱动方法   图 2-1-31 【流线驱动方法】对话框

3）设置【选择方法】为【指定】，如图 2-1-32 所示，选择图 2-1-33 所示曲线。单击【添加新集】按钮，选择图 2-1-34 所示曲线，注意要保证两个曲线的方向一致。

4）打开【切削方向】选项组，单击【指定切削方向】按钮，选择图 2-1-35 所示切削方向。打开【驱动设置】选项组，设置【刀具位置】为【相切】，【切削模式】为【螺旋或平面螺旋】，【步距】为【数量】，【步距数】为【6】，如图 2-1-36 所示。单击【确定】按钮，完成操作。

图 2-1-32　驱动曲线的选择方法

图 2-1-33　选择曲线一

图 2-1-34　选择曲线二

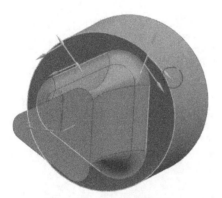

图 2-1-35　指定切削方向

图 2-1-36　设置切削模式和步距

5）设置【投影矢量】为【刀轴】，如图 2-1-37 所示。

6）设置【刀轴】为【远离直线】，如图 2-1-38 所示，弹出图 2-1-39 所示【远离直线】对话框，设置【指定矢量】为【XC】。

7）在【刀轨设置】选项组中设置【方法】为【MILL_FINISH】，如图 2-1-40 所示。单击【进给率和速度】按钮，设置【主轴速度（rpm）】为【3500】，【切削】为【1200mmpm】，如图 2-1-41 所示。

图 2-1-37　设置投影矢量

图 2-1-38 设置刀轴

图 2-1-39 指定刀轴矢量

图 2-1-40 刀轨设置

图 2-1-41 【进给率和速度】设置

8）单击【生成】按钮，得到零件平面精加工刀轨，如图 2-1-42 所示。

（五）精加工圆弧面

1）单击【菜单】→【插入】→【工序】按钮，弹出【创建工序】对话框，设置【类型】为【mill_multi-axis】，【工序子类型】为【VARIABLE_CON-TOUR】（可变轮廓铣），【程序】为【PROGRAM】，【刀具】为【D6R3】，【几何体】为【WORKPIECE】，【方法】为【MILL_FINISH】，【名称】为【MILL_FINISH-

2】，如图 2-1-43 所示。单击【确定】按钮，弹出【可变轮廓铣-【MILL_FINISH-2】】对话框，如图 2-1-44 所示。

2）在【驱动方法】选项组中设置【方法】为【曲面区域】，如图 2-1-45 所示，弹出图 2-1-46 所示【曲面区域驱动方法】对话框。

3）单击【选择或编辑驱动几何体】按钮，顺序选择图 2-1-47 所示曲面，单击【确定】按钮，完成操作。

4）单击【切削方向】按钮，选择图 2-1-48 所示切削方向。如图 2-1-49 所示，设置【切削模式】为【螺旋】，【步距】为【数量】，【步距数】为【10】。单击【确定】按钮，完成驱动方法设置。

图 2-1-42 平面精加工刀轨

图 2-1-43 创建圆弧面精加工工序 　图 2-1-44 【可变轮廓铣-【MILL_FINISH-2】】对话框

5）设置【投影矢量】为【刀轴】，如图 2-1-50 所示。

6）设置【刀轴】为【4 轴，垂直于驱动体】，如图 2-1-51 所示，弹出【4 轴，垂直于驱动体】对话框，设置【指定矢量】为【XC】，如图 2-1-52 所示。单击【确定】按钮，完成操作。

7）单击【进给率和速度】按钮，设置【主轴速度（rpm）】为【3800】，【切削】为

图 2-1-45　设置驱动方法　　　　图 2-1-46　【曲面区域驱动方法】对话框

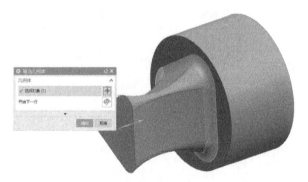

图 2-1-47　选择曲面　　　　图 2-1-48　指定切削方向

图 2-1-49　设置切削模式和步距　　　　图 2-1-50　设置投影矢量

【1500mmpm】，如图 2-1-53 所示。

8）单击【生成】按钮，得到零件圆弧面精加工刀轨，如图 2-1-54 所示。

图 2-1-51　设置刀轴

图 2-1-52　设置指定矢量

图 2-1-53　【进给率和速度】设置

图 2-1-54　零件圆弧面精加工刀轨

（六）精加工轴头异形面

1）单击【菜单】→【插入】→【工序】按钮，弹出【创建工序】对话框，设置【类型】为【mill_multi-axis】，【工序子类型】为【VARIABLE_CONTOUR】（可变轮廓铣），【程序】为【PROGRAM】，【刀具】为【D6R3】，【几何体】为【WORKPIECE】，【方法】为【MILL_FINISH】，【名称】为【MILL_FINISH-3】，如图 2-1-55 所示。单击【确定】按钮，弹出【可变轮廓铣-【MILL_FINISH-3】】对话框，如图 2-1-56 所示。

图 2-1-55　创建轴头异形面精加工工序

图 2-1-56　轴头异形面精加工工序参数设置

2）在【驱动方法】选项组中设置【方法】为【曲面区域】，如图 2-1-57 所示，弹出图 2-1-58 所示【曲面区域驱动方法】对话框。

图 2-1-57　设置驱动方法

图 2-1-58　【曲面区域驱动方法】对话框

3）单击【选择或编辑驱动几何体】按钮，顺序选择图 2-1-59 所示曲面，单击【确定】按钮，完成操作。

4）单击【切削方向】按钮，选择图 2-1-60 所示切削方向。如图 2-1-61 所示，设置【切削模式】为【螺旋】，【步距】为【数量】，【步距数】为【300】。单击【确定】按钮，完成驱动方法设置。

图 2-1-59 曲面选择

图 2-1-60 选择切削方向

5）设置【投影矢量】为【刀轴】，如图 2-1-62 所示。

图 2-1-61 设置切削模式和步距

图 2-1-62 设置投影矢量

6）设置【刀轴】为【4 轴，垂直于驱动体】，如图 2-1-63 所示，弹出【4 轴，垂直于驱动体】对话框，设置【指定矢量】为【XC】，如图 2-1-64 所示。单击【确定】按钮，完成操作。

图 2-1-63 设置刀轴

图 2-1-64 指定刀轴矢量

7）单击【进给率和速度】按钮，设置【主轴速度（rpm）】为【3800】，【切削】为【1500mmpm】，如图 2-1-65 所示。

8）单击【生成】按钮，得到轴头异形面精加工刀轨，如图 2-1-66 所示。

图 2-1-65　进给率和速度设置

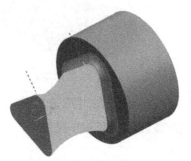

图 2-1-66　轴头异形面精加工刀轨

三、仿真加工

1）零件仿真加工。在【工序导航器】中选择【PROGRAM】并右击，选择【刀轨】→【确认】命令，如图 2-1-67 所示，弹出【刀轨可视化】对话框，选择【3D 动态】，如图 2-1-68 所示。单击【播放】按钮，开始仿真加工。

图 2-1-67　确认刀轨

图 2-1-68　【刀轨可视化】对话框

2）仿真结果如图 2-1-69 所示。

四、零件加工

按照设备管理要求，对加工中心进行点检，确保设备完好，特别注意气压、油压、室内温度是否合格。对机床通电开机，并将机床各坐标轴回零，然后对机床进行低转速预热、主轴润滑。

图 2-1-69　仿真结果

将工件装入自定心卡盘，调整伸出长度，用百分表找正工件，使跳动误差小于 0.05mm，夹紧自定心卡盘。

对照工艺要求，准备好所有刀具和相应的刀柄和夹头，将刀具安装到对应的刀柄中，调整刀具伸出长度，刀具伸出长度必须与编程时软件内的设置一致，使用对刀仪测量刀具长度并输入机床刀具参数表中，然后将装有刀具的刀柄按刀具号装入刀库。

对刀和程序传输完成后，将机床模式切换到自动方式，按下循环启动键，即可开始自动加工。在加工过程中，由于是首件第一次加工，所以要密切注意加工状态，有问题要及时停止。

专家点拨

1）在【流线】驱动方法中，选择流线时，要保证所有的流线方向一致，否则刀轨会混乱。

2）用四轴机床进行粗加工时，可以采用 3+1 轴的粗加工方法，就是先把第 4 轴设为 0°，用型腔铣粗加工一面，然后把第 4 轴转 180°，再用型腔铣粗加工另一面。

3）进行多轴加工时，一般在设置【几何体】选择【WORK-PIECE】时选择【PART】，因为多轴加工很多时候要一个区域一个区域，或者一组面一组面地加工。

图 2-1-70　异形零件

课后训练

根据图 2-1-70 所示异形零件的特征，制定合理的工艺路线，设置必要的加工参数，生成刀轨，通过相应的后处理生成数控加工程序，并加工零件。

项目 2　圆柱凸轮的数控编程与加工

教学目标

能力目标

1）能编制圆柱凸轮加工工艺卡。

2）能使用 NX 12.0 软件编制圆柱凸轮的四轴加工程序。

3）能操作四轴加工中心完成圆柱凸轮的加工。

知识目标

1）掌握四轴加工铣削几何体的设置方法。

2）掌握刀轴的设置方法。

3）掌握远离直线驱动方法。

4）掌握四轴加工策略。

5）掌握四轴驱动方式。

素养目标

激发读者有责任感，增强质量意识。

项目导读

本项目所涉及圆柱凸轮为某自动化设备中的一个零件，在机构中起驱动往复运动作用。此圆柱凸轮为典型的需要四轴联动加工的零件，主要由曲面、平面、圆弧面组成。在编程与加工过程中要特别注意凸轮槽宽的尺寸精度和表面粗糙度。

工作任务

本工作任务的内容为：分析圆柱凸轮的零件模型，明确加工内容和加工要求，对加工内容进行合理的工序划分，确定加工路线，选用加工设备，选用刀具和夹具，制定加工工艺卡；运用 NX 软件编制圆柱凸轮的加工程序并进行仿真加工，操作四轴加工中心完成圆柱凸轮的加工。

一、制定加工工艺

1. 模型分析

圆柱凸轮零件模型如图 2-2-1 所示，其结构比较简单，主要由曲面、平面、圆弧面特征组成，零件材料为 45 钢。

2. 制定工艺路线

圆柱凸轮零件经 1 次装夹完成加工，毛坯选用直径和长度都已经加工到位的棒料，毛坯外形无须加工，采用自定心卡盘装夹，使用四轴加工中心完成加工。

1）备料：45 钢棒料，直径为 50mm，长度为 100mm，可通过外协加工或者安排前道工序得到。

2）自定心卡盘夹持，粗加工，留 0.3mm 余量。

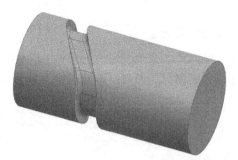

图 2-2-1　圆柱凸轮零件模型

3）左侧面精加工。

4）右侧面精加工。

5）底面精加工。

6）左侧圆弧面精加工。

7）右侧圆弧面精加工。

3. 加工设备选用

选用 AVL650e 四轴立式铣削加工中心作为加工设备。

4. 毛坯选用

该圆柱凸轮材料为 45 钢，根据零件加工特点，选用直径为 50mm、长度为 100mm 的 45 钢棒料，外径及长度无须加工，如图 2-2-2 所示。

5. 装夹方式选用

零件经 1 次装夹，采用一夹一顶装夹方式，用自定心卡盘夹持已经过精加工的外圆，装夹示意图如图 2-2-3 所示。

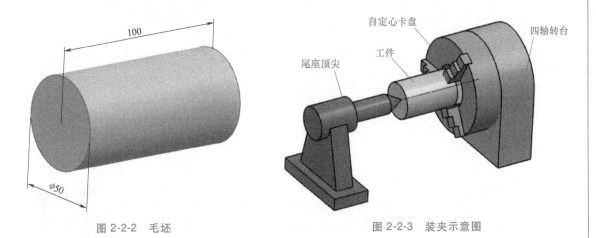

图 2-2-2 毛坯　　　　　　　　　　　　图 2-2-3 装夹示意图

6. 制定工艺卡

以 1 次装夹作为 1 道工序，制定加工工艺卡，见表 2-2-1 和表 2-2-2 所示。

表 2-2-1 工序清单

零件号:63284		工艺版本号:0	工艺流程卡-工序清单	
工序号	工序内容	工位	页码:1	页数:2
001	备料(45 钢,φ50mm×100mm)	采购	零件号:63284	版本:0
002	铣凸轮槽	四轴加工中心	零件名称:圆柱凸轮	
003	抛光	钳工	材料:45 钢	
004			材料尺寸:φ50mm×100mm	
005			更改号	更改内容	批准	日期
006						
007			01			
008						

拟制:	日期:	审核:	日期:	批准:	日期:	

表 2-2-2　铣凸轮槽工序卡

零件号:63284			工序名称:铣凸轮槽		工艺流程卡-工序单	
材料:45 钢		页码:2		工序号:02		版本号:0
夹具:自定心卡盘+顶尖		工位:四轴加工中心		数控程序号:63284-01. NC		
刀具及参数设置						
刀具号	刀具规格	加工内容		主轴转速	进给速度	
T01	D8R1 铣刀	粗加工		S4000	F1200	
T02	D6R0 铣刀	左侧面精加工		S4000	F1200	
T02	D6R0 铣刀	右侧面精加工		S4000	F1200	
T03	D6R3 铣刀	底面精加工		S3800	F1500	
T04	D4R2 铣刀	左侧圆弧面精加工		S4200	F1000	
T04	D4R2 铣刀	右侧圆弧面精加工		S4200	F1000	

01				
更改号	更改内容		批准	日期
拟制:	日期:	审核:	日期:	批准: 日期:

二、编制加工程序

（一）加工准备

1）打开模型文件，单击【应用模块】→【加工】按钮，弹出【加工环境】对话框，设置【CAM 会话配置】为【cam_general】，【要创建的 CAM 组装】为【mill_multi-axis】，如图 2-2-4 所示。单击【确定】按钮，进入加工模块。

2）在【工序导航器】空白处右击，选择【几何视图】命令，如图 2-2-5 所示。

图 2-2-4　【加工环境】设置

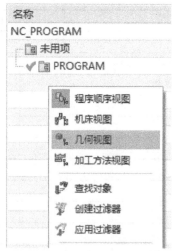

图 2-2-5　选择【几何视图】命令

3）双击【工序导航器】中的【MCS_MILL】，弹出【MCS 铣削】对话框，设置【安全设置选项】为【圆柱】,【半径】为【50】,如图 2-2-6 所示。

4)单击【指定 MCS】中的【坐标系】按钮,弹出【坐标系】对话框,选择【参考坐标系】中的【WCS】,单击【确定】按钮,使加工坐标系与工作坐标系重合,如图 2-2-7 所示。再单击【确定】按钮,完成加工坐标系设置。

图 2-2-6 加工坐标系设置(一)

图 2-2-7 加工坐标系设置(二)

5)双击【工序导航器】中的【WORKPIECE】,弹出【工件】对话框,如图 2-2-8 所示。

6)单击【选择或编辑毛坯几何体】按钮,弹出【毛坯几何体】对话框,选择【几何体】作为毛坯,选择图 2-2-9 所示几何体(此几何体预先在建模模块创建好)。单击【确定】按钮,完成毛坯选择,再单击【确定】按钮,完成【工件】设置。

7)在【工序导航器】空白处右击,选择【机床视图】命令,单击【菜单】→【插入】→【刀具】按钮,弹出【创建刀具】对话框,如图 2-2-10 所示。设置【类型】为【mill_contour】,【刀具子类型】为【MILL】,【刀具】为【GENERIC_MACHINE】,【名称】为【D8R1】,单击【确定】按钮,弹出【铣刀-5 参数】对话框,如图 2-2-11 所示,设置【直径】为【8】,【下半径】为【1】,【长度】为【75】,【刀刃长度】为【50】,【刀刃】为【2】,

图 2-2-8 【工件】对话框

【刀具号】为【1】,【补偿寄存器】为【1】,【刀具补偿寄存器】为【1】,单击【确定】按钮,完成刀具 1 的创建。

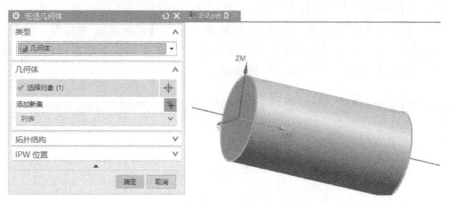

图 2-2-9 【毛坯几何体】设置

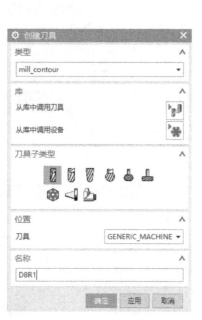

图 2-2-10 创建刀具 1

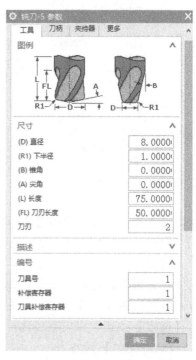

图 2-2-11 刀具 1 参数设置

8) 创建刀具 2。设置【类型】为【mill_contour】,【刀具子类型】为【MILL】,【刀具】为【GENERIC_MACHINE】,【名称】为【D6R0】,【直径】为【6】,【下半径】为【0】,【长度】为【75】,【刀刃长度】为【50】,【刀刃】为【2】,【刀具号】为【2】,【补偿寄存器】为【2】,【刀具补偿寄存器】为【2】。

9) 创建刀具 3。设置【类型】为【mill_contour】,【刀具子类型】为【BALL_MILL】,【刀具】为【GENERIC_MACHINE】,【名称】为【D6R3】,【球直径】为【6】,【长度】为【75】,【刀刃长度】为【50】,【刀刃】为【2】,【刀具号】为【3】,【补偿寄存器】为【3】,【刀具补偿寄存器】为【3】。

10) 创建刀具 4。设置【类型】为【mill_contour】,【刀具子类型】为【BALL_MILL】,

【刀具】为【GENERIC_MACHINE】，【名称】为【D4R2】，【球直径】为【4】，【长度】为【75】，【刀刃长度】为【50】，【刀刃】为【2】，【刀具号】为【4】，【补偿寄存器】为【4】，【刀具补偿寄存器】为【4】。

（二）粗加工

1）单击【菜单】→【插入】→【工序】按钮，弹出【创建工序】对话框，设置【类型】为【mill_multi-axis】，【工序子类型】为【VARIABLE_CONTOUR】（可变轮廓铣），【程序】为【PROGRAM】，【刀具】为【D8R1】，【几何体】为【WORKPIECE】，【方法】为【MILL_FINISH】，【名称】为【MILL_ROUGH-1】，如图2-2-12所示。单击【确定】按钮，弹出【可变轮廓铣-【MILL_ROUGH-1】】对话框，如图2-2-13所示。

图2-2-12　创建粗加工工序

图2-2-13　粗加工工序参数设置

2）单击【选择或编辑部件几何体】，选择图2-2-14所示的槽底面，单击【确定】按钮，完成操作。

3）打开【驱动方法】选项组，设置【方法】为【曲线/点】，如图2-2-15所示。弹出【曲线/点驱动方法】对话框，选择图2-2-16所示曲线（此几何体预先在建模模块创建好）。

4）设置【投影矢量】中的【矢量】为【刀轴】，如图2-2-17所示。

5）设置【刀轴】中的【轴】为【远离直线】，如图2-2-18所示，弹出【远离直线】对话框，选中图2-2-19所示直线，单击【确定】按钮，完成操作。

6）打开【刀轨设置】选项组，设置【方法】为【MILL_FINISH】，如图2-2-20所示。

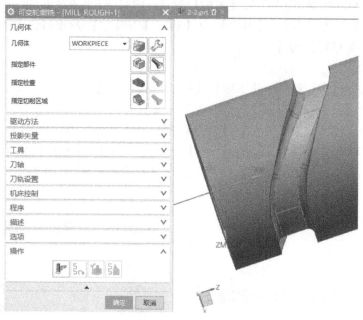

图 2-2-14　指定部件

单击【切削参数】按钮，选择【多刀路】选项卡，设置【部件余量偏置】为【5】，勾选【多重深度切削】，【步进方法】为【刀路数】，【刀路数】为【5】，如图 2-2-21 所示。

7）选择【余量】选项卡，设置【部件余量】为【0.3】，如图 2-2-22 所示，单击【确定】按钮，完成操作。单击【进给率和速度】按钮，设置【主轴速度（rpm）】为【4000】，【切削】为【1200mmpm】，如图 2-2-23 所示。

8）单击【生成】按钮，得到零件粗加工刀轨，如图 2-2-24 所示。

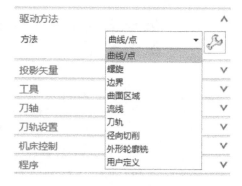

图 2-2-15　【驱动方法】设置

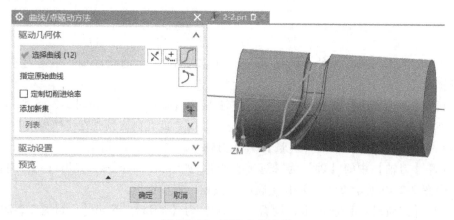

图 2-2-16　驱动曲线设置

图 2-2-17　【投影矢量】设置　　　　　图 2-2-18　【刀轴】设置

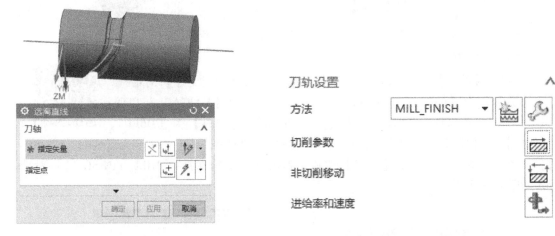

图 2-2-19　定义直线　　　　　图 2-2-20　刀轨设置

图 2-2-21　【多刀路】设置　　　　　图 2-2-22　【余量】设置

图 2-2-23 【进给率和速度】设置

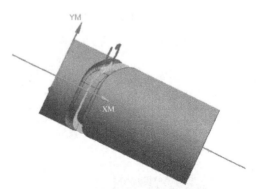

图 2-2-24 零件粗加工刀轨

（三）左侧面精加工

1）单击【菜单】→【插入】→【工序】按钮，弹出【创建工序】对话框，设置【类型】为【mill_multi-axis】，【工序子类型】为【VARIABLE_CON-TOUR】（可变轮廓铣），【程序】为【PROGRAM】，【刀具】为【D6R0】，【几何体】为【WORKPIECE】，【方法】为【MILL_FINISH】，【名称】为【MILL_FINISH-1】，如图 2-2-25 所示。单击【确定】按钮，弹出【可变轮廓铣-【MILL_FINISH-1】】对话框，如图 2-2-26 所示。

图 2-2-25 创建左侧面精加工工序

图 2-2-26 左侧面精加工工序参数设置

2）打开【驱动方法】选项组，设置【方法】为【流线】，如图 2-2-27 所示，弹出【流线驱动方法】对话框，如图 2-2-28 所示。选择图 2-2-29 所示的两条边，注意保持箭头方向一致，设置【刀具位置】为相切，【切削模式】为【往复】，【步距】为【数量】，【步距数】为【8】，如图 2-2-28 所示。

图 2-2-27 【驱动方法】设置

图 2-2-28 【流线驱动方法】对话框

3）设置【投影矢量】中的【矢量】为【刀轴】，如图 2-2-30 所示。

4）设置【刀轴】中的【轴】为【远离直线】，如图 2-2-31 所示，弹出图 2-2-32 所示对话框，选择轴线，单击【确定】按钮，完成操作。

图 2-2-29 指定驱动曲线

图 2-2-30 【投影矢量】设置

图 2-2-31 【刀轴】设置

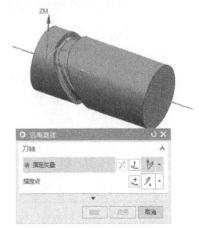

图 2-2-32 定义直线

5）单击【进给率和速度】按钮，设置【主轴速度（rpm）】为【4000】，【切削】为【1200mmpm】，如图 2-2-33 所示。

6）单击【生成】按钮，得到螺旋槽左侧面精加工刀轨，如图 2-2-34 所示。

图 2-2-33　【进给率和速度】设置

图 2-2-34　螺旋槽左侧面精加工刀轨

（四）右侧面精加工

运用同样的方法和步骤，创建螺旋槽右侧面精加工刀轨，名称为【MILL_FINISH-2】，如图 2-2-35 所示。

（五）底面精加工

1）单击【菜单】→【插入】→【工序】按钮，弹出【创建工序】对话框，设置【类型】为【mill_multi-axis】，【工序子类型】为【VARIABLE_CONTOUR】（可变轮廓铣），【程序】为【PROGRAM】，【刀具】为【D6R3】，【几何体】为【WORKPIECE】，【方法】为【MILL_FINISH】，【名称】为【MILL_FINISH-3】，如图 2-2-36 所示。单击【确定】按钮，弹出【可变轮廓铣-【MILL_FINISH-3】】对话框，如图 2-2-37 所示。

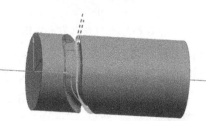

图 2-2-35　螺旋槽右侧面精加工刀轨

图 2-2-36　创建底面精加工工序

图 2-2-37　底面精加工工序参数设置

2）设置【驱动方法】中的【方法】为【曲面区域】，如图 2-2-38 所示，弹出【曲面区域驱动方法】对话框，设置【刀具位置】为【相切】，【切削模式】为【螺旋】，【步距】为【数量】，【步距数】为【10】，如图 2-2-39 所示。

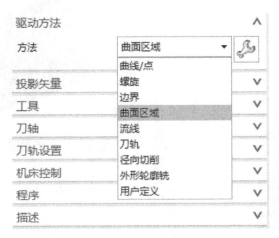

图 2-2-38　【驱动方法】设置

3）单击【选择或编辑驱动几何体】按钮，弹出【驱动几何体】对话框，选择图 2-2-40 所示曲面，单击【确定】按钮完成选择。

4）设置【投影矢量】中的【矢量】为【刀轴】，设置【刀轴】中的【轴】为【远离直线】，如图 2-2-41 所示。选择现有直线，选择图 2-2-42 所示轴线，单击【确定】按钮，完成操作。

图 2-2-39　【曲面区域驱动方法】设置　　　　图 2-2-40　选择驱动曲面

5）单击【进给率和速度】按钮，设置【主轴速度（rpm）】为【3800】，【切削】为【1500mmpm】，如图 2-2-43 所示，单击【确定】按钮，完成操作。

6）单击【生成】按钮，得到螺旋槽底面精加工刀轨，如图 2-2-44 所示。

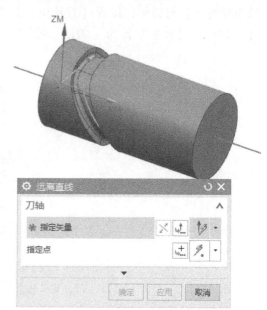

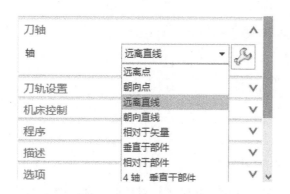

图 2-2-41　【刀轴】设置

图 2-2-42　选择直线

图 2-2-43　【进给率和速度】设置

图 2-2-44　螺旋槽底面精加工刀轨

（六）左侧圆弧面精加工

1）单击【菜单】→【插入】→【工序】按钮，弹出【创建工序】对话框，设置【类型】为【mill_multi-axis】，【工序子类型】为【VARIABLE_CONTOUR】（可变轮廓铣），【程序】为【PROGRAM】，【刀具】为【D4R2】，【几何体】为【WORKPIECE】，【方法】为【MILL_FINISH】，【名称】为【MILL_FINISH-4】，如图 2-2-45 所示。单击【确定】按钮，弹出【可变轮廓铣-【MILL_FINISH-4】】对话框，如图 2-2-46 所示。

2）单击【选择或编辑部件几何体】按钮，选择图 2-2-47 所示的槽底面，单击【确定】按钮，完成操作。

图 2-2-45 创建左侧圆弧面精加工工序

图 2-2-46 左侧圆弧面精加工工序参数设置

3）打开【驱动方法】选项组，设置【方法】为【曲线/点】，如图 2-2-48 所示，弹出【曲线/点驱动方法】对话框，选择图 2-2-49 所示曲线。

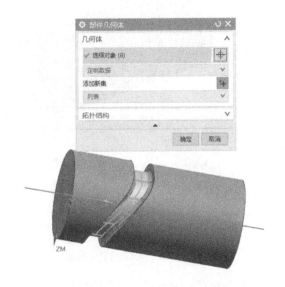

图 2-2-47 指定部件

图 2-2-48 【驱动方法】设置

4）设置【投影矢量】中的【矢量】为【刀轴】，如图 2-2-50 所示。

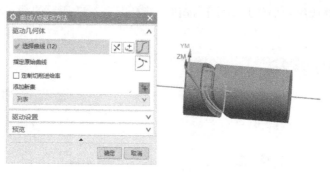

图 2-2-49　选择驱动曲线

图 2-2-50　【投影矢量】设置

5）设置【刀轴】中的【轴】为【远离直线】，如图 2-2-51 所示，弹出【远离直线】对话框，选择现有直线，选中图 2-2-52 所示直线，单击【确定】按钮，完成操作。

6）打开【刀轨设置】选项组，设置【方法】为【MILL_FINISH】，如图 2-2-53 所示。单击【切削参数】按钮，选择【多刀路】选项卡，设置【部件余量偏置】为【2】，勾选【多重深度切削】，【步进方法】为【刀路数】，【刀路数】为【4】，如图 2-2-54 所示。

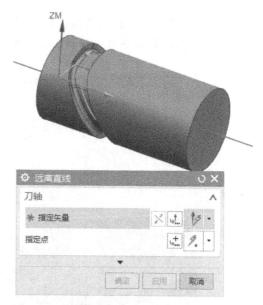

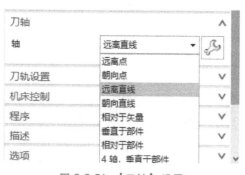

图 2-2-51　【刀轴】设置

图 2-2-52　定义直线

7）单击【进给率和速度】按钮，设置【主轴速度（rpm）】为【4200】，【切削】为【1000mmpm】，如图 2-2-55 所示。

8）单击【生成】按钮，得到螺旋槽左侧圆弧面精加工刀轨，如图 2-2-56 所示。

图 2-2-53　刀轨设置

图 2-2-54　【多刀路】设置

（七）右侧圆弧面精加工

使用相同方法，创建螺旋槽右侧圆弧面精加工刀轨，【名称】为【MILL_FINISH-5】，如图 2-2-57 所示。

图 2-2-55　【进给率和速度】设置

图 2-2-56　螺旋槽左侧圆弧面精加工刀轨

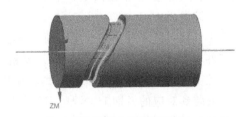

图 2-2-57　螺旋槽右侧圆弧面精加工刀轨

三、仿真加工

1）进行零件仿真加工。在【工序导航器】中选择【PROGRAM】并右击，选择【刀轨】→【确认】命令，如图 2-2-58 所示，弹出【刀轨可视化】对话框，选择【3D 动态】选项卡，如图 2-2-59 所示，单击【播放】按钮，开始仿真加工。

2）仿真结果如图 2-2-60 所示。

图 2-2-58　确认刀轨

图 2-2-59　【刀轨可视化】对话框

四、零件加工

按照设备管理要求，对加工中心进行点检，确保设备完好，特别注意气压、油压、室内温度是否合格。对机床通电开机，并将机床各坐标轴回零，然后对机床进行低转速预热、主轴润滑。

将工件装入机床自定心卡盘，调整伸出长度，用百分表校正工件，使跳动误差小于 0.05mm，夹紧自定心卡盘。

对照工艺要求，准备好所有刀具和相应的刀柄、夹头，将刀具安装到对应的刀柄上，调整刀具伸出长度，刀具伸出长度必须与编程时软件内的设置一致，使用对刀仪测量刀具长度并输入机床刀具参数表中，然后将装有刀具的刀柄按刀具号装入刀库。

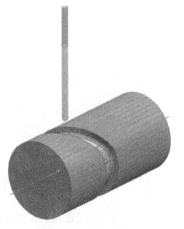

图 2-2-60　仿真结果

对刀和程序传输完成后，将机床模式切换到自动方式，按下循环启动键，即可开始自动加工。在加工过程中，由于是首件第一次加工，所以要密切注意加工状态，有问题要及时停止。

专家点拨

1）辅助曲线和辅助曲面在可变轮廓铣中是相当重要的，例如，辅助曲面可作为驱动面或者加工曲面。

2）刀轨的优化是通过重新计算进给率和主轴转速
而生成一个优化的刀轨文件。优化过程中并不改变原
有的快速运动和刀轨，但是优化能够保证刀轨具有最
佳的进给率或主轴转速，并在最短的时间内加工出高
质量的零件。

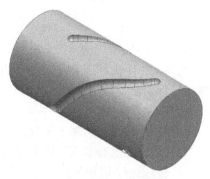

课后训练

根据图 2-2-61 所示槽类零件的特征，制定合理的
工艺路线，设置必要的加工参数，生成刀轨，通过相
应的后处理生成数控加工程序，并加工零件。

图 2-2-61　槽类零件

项目 3　螺杆的数控编程与加工

教学目标

能力目标

1）能编制螺杆加工工艺卡。

2）能使用 NX 12.0 软件编制螺杆的四轴加工程序。

3）能操作四轴加工中心完成螺杆的加工。

知识目标

1）掌握四轴加工铣削几何体的设置方法。

2）掌握刀轴的设置方法。

3）掌握远离直线驱动方法。

4）掌握四轴加工策略。

5）掌握四轴驱动方式。

素养目标

激发读者有担当精神，增强环保意识。

项目导读

本项目所涉及螺杆为某自动化设备中的一个零件，在机构中起传动作用。此螺杆为典型
的需要四轴联动加工的零件，主要由外圆和螺纹特征组成。在编程与加工过程中要特别注意
螺纹宽度和高度的尺寸精度与表面粗糙度。

工作任务

本工作任务的内容为：分析螺杆零件模型，明确加工内容和加工要求，对加工内容进行
合理的工序划分，确定加工路线，选用加工设备、刀具和夹具，制定加工工艺卡；运用 NX
软件编制螺杆的加工程序并进行仿真加工，操作四轴加工中心完成螺杆加工。

一、制定加工工艺

1. 模型分析

螺杆零件模型如图 2-3-1 所示，其结构比较简单，主要由外圆和螺纹特征组成。零件材料为 45 钢。

图 2-3-1　螺杆零件模型

2. 制定工艺路线

该螺杆毛坯采用预加工得到，已完成螺杆外圆、端面及中心孔的加工，毛坯外形无须加工。螺杆采用自定心卡盘及顶尖进行 1 次装夹，使用四轴加工中心即可完成加工。

1）备料：45 钢预制件，可通过外协加工或者安排前道工序得到。

2）自定心卡盘夹持，粗加工，留 0.3mm 余量。

3）左侧面精加工。

4）右侧面精加工。

5）底面精加工。

3. 加工设备选用

选用 AVL650e 四轴立式铣削加工中心作为加工设备。

4. 毛坯选用

该螺杆材料为 45 钢，根据零件加工特点，毛坯采用预加工件，外径及长度都加工到位，两端面已钻好中心孔，如图 2-3-2 所示。

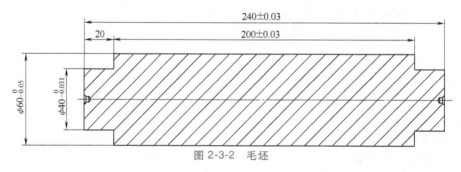

图 2-3-2　毛坯

5. 装夹方式选用

零件经 1 次装夹，采用一夹一顶装夹方式，用自定心卡盘夹持已经过精加工的外圆，装夹示意图如图 2-3-3 所示。

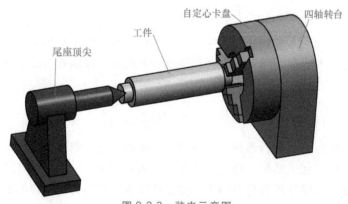

图 2-3-3　装夹示意图

6. 制定工艺卡

以 1 次装夹作为 1 道工序，制定工序清单和加工工艺卡，见表 2-3-1 和表 2-3-2。

表 2-3-1 工序清单

零件号:754968		工艺版本号:0	工艺流程卡-工序清单		
工序号	工序内容	工位	页码:1		页数:2
001	备料（预制件）	采购	零件号:754968		版本:0
002	铣螺牙	四轴加工中心	零件名称:螺杆		
003	去毛刺	钳工	材料:45 钢		
004			材料尺寸:预制件		
005			更改号	更改内容	批准	日期
006					
007			01		
008					

拟制:	日期:	审核:	日期:	批准:	日期:	

表 2-3-2 铣螺牙工序卡

零件号:754968		工序名称:铣螺牙		工艺流程卡-工序单	
材料:45 钢	页码:2		工序号:02		版本号:0
夹具:自定心卡盘+顶尖	工位:四轴加工中心		数控程序号:754968-01.NC		

刀具及参数设置					
刀具号	刀具规格	加工内容	主轴转速	进给速度	
T01	D8R1 铣刀	粗加工	S4000	F1200	
T02	D6R0 铣刀	左侧面精加工	S3500	F1200	
T02	D6R0 铣刀	右侧面精加工	S3500	F1200	
T02	D6R0 铣刀	底面精加工	S3800	F1500	

01				
更改号	更改内容		批准	日期
拟制:	日期:	审核:	日期:	批准:	日期:	

二、编制加工程序

（一）加工准备

1）打开模型文件单击【应用模块】→【加工】按钮，弹出【加工环境】

对话框，设置【CAM 会话配置】为【cam_general】，【要创建的 CAM 组装】为【mill-multi-axis】，如图 2-3-4 所示。单击【确定】按钮，进入加工模块。

2）在【工序导航器】空白处右击，选择【几何视图】命令，如图 2-3-5 所示。

图 2-3-4 【加工环境】设置   图 2-3-5 选择【几何视图】命令

3）双击【工序导航器】中的【MCS_MILL】节点，弹出【MCS 铣削】对话框，设置【安全距离】为【50】，如图 2-3-6 所示。

4）单击【指定 MCS】中的【坐标系】按钮，弹出【坐标系】对话框，设置【参考】为【WCS】，单击【确定】按钮，使加工坐标系与工作坐标系重合，如图 2-3-7 所示。再单击【确定】按钮，完成加工坐标系设置。

图 2-3-6 加工坐标系设置（一）   图 2-3-7 加工坐标系设置（二）

5）双击【工序导航器】中的【WORKPIECE】节点，弹出【工件】对话框，如图 2-3-8 所示。

6）单击【选择或编辑毛坯几何体】按钮，弹出【毛坯几何体】对话框，选择【几何体】作为毛坯，选择图 2-3-9 所示几何体（此几何体预先在建模模块创建好）。单击【确定】按钮，完成毛坯选择，再单击【确定】按钮，完成毛坯设置。

7）在【工序导航器】空白处右击，选择【机床视图】命令，单击【菜单】→【插入】→【刀具】按钮，弹出【创建刀具】对话框，如图 2-3-10 所示。设置【类型】为【mill_contour】，【刀具子类型】为【MILL】，【刀具】为【GENERIC_MACHINE】，【名称】为【D8R1】，单击【确定】按钮，弹出【铣刀-5 参数】对话框，如图 2-3-11 所示，设置【直径】为【8】，【下半径】为【1】，【长度】为【75】，【刀刃长度】为【50】，【刀刃】为【2】，【刀具号】为

图 2-3-8　【工件】对话框

【1】，【补偿寄存器】为【1】，【刀具补偿寄存器】为【1】，单击【确定】按钮，完成刀具 1 的创建。

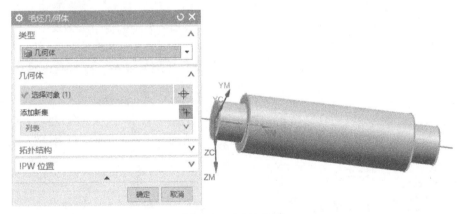

图 2-3-9　毛坯设置

8）创建刀具 2。设置【类型】为【MILL_CONTOUR】，【刀具子类型】为【MILL】，【刀具】为【GENERIC_MACHINE】，【名称】为【D6R0】，【直径】为【6】，【下半径】为【0】，【长度】为【75】，【刀刃长度】为【50】，【刀刃】为【2】，【刀具号】为【2】，【补偿寄存器】为【2】，【刀具补偿寄存器】为【2】。

（二）粗加工

1）单击【菜单】→【插入】→【工序】按钮，弹出【创建工序】对话框，设置【类型】为【mill_multi-axis】，【工序子类型】为【VARIABLE_CONTOUR】（可变轮廓铣），【程序】为【PROGRAM】，【刀具】为【D8R1】，【几何体】为【WORKPIECE】，【方法】为【MILL_FINISH】，【名称】为【MILL_ROUGH-

1】，如图 2-3-12 所示。单击【确定】按钮，弹出【可变轮廓铣-【MILL_ROUGH-1】】对话框，如图 2-3-13 所示。

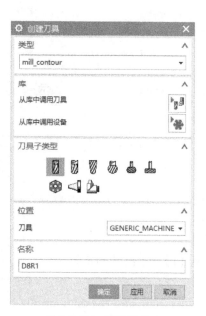

图 2-3-10　创建刀具 1

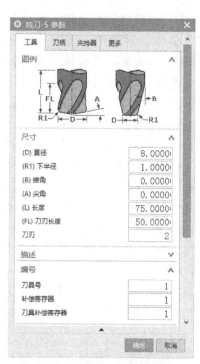

图 2-3-11　刀具 1 参数设置

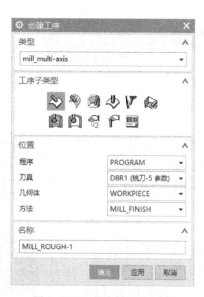

图 2-3-12　创建粗加工工序

图 2-3-13　粗加工工序参数设置

2）单击【选择或编辑部件几何体】按钮，选择图 2-3-14 所示的槽底面，单击【确定】按钮，完成操作。

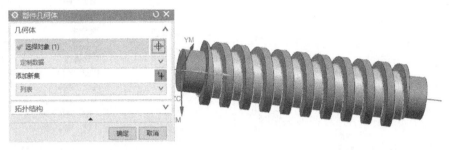

图 2-3-14 指定部件

3）打开【驱动方法】选项组，设置【方法】为【曲线/点】，如图 2-3-15 所示，弹出【曲线/点驱动方法】对话框，选择图 2-3-16 所示曲线。

4）设置【投影矢量】中的【矢量】为【刀轴】，如图 2-3-17 所示。

5）设置【刀轴】中的【轴】为【远离直线】，如图 2-3-18 所示，弹出【远离直线】对话框，选择现有直线，选中图 2-3-19 所示直线，单击【确定】按钮，完成操作。

6）打开【刀轨设置】选项组，设置【方法】为【MILL_FINISH】，如图 2-3-20 所示。单击【切

图 2-3-15 【驱动方法】设置

削参数】按钮，选择【多刀路】选项卡，设置【部件余量偏置】为【5】，勾选【多重深度切削】，【步进方法】为【刀路数】，【刀路数】为【5】，如图 2-3-21 所示。

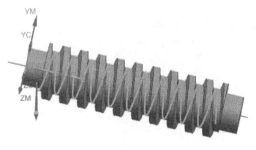

图 2-3-16 选择驱动曲线

7）选择【余量】选项卡，设置【部件余量】为【0.3】，如图 2-3-22 所示。单击【确定】按钮，完成操作。单击【进给率和速度】按钮，设置【主轴速度（rpm）】为【4000】，【切削】为【1200mmpm】，如图 2-3-23 所示。

8）单击【生成】按钮，得到螺杆粗加工刀轨，如图 2-3-24 所示。

图 2-3-17　【投影矢量】设置

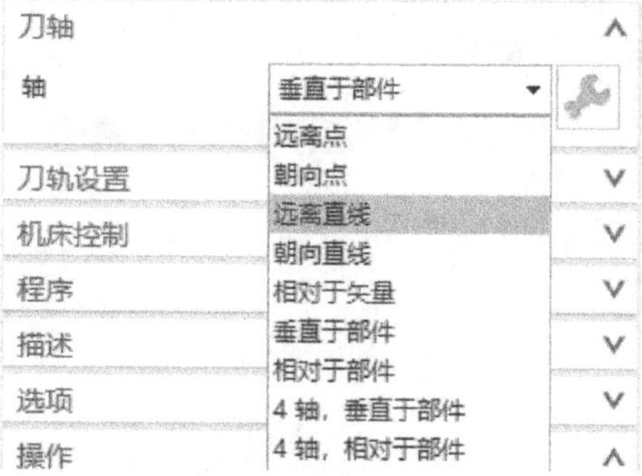

图 2-3-18　【刀轴】设置

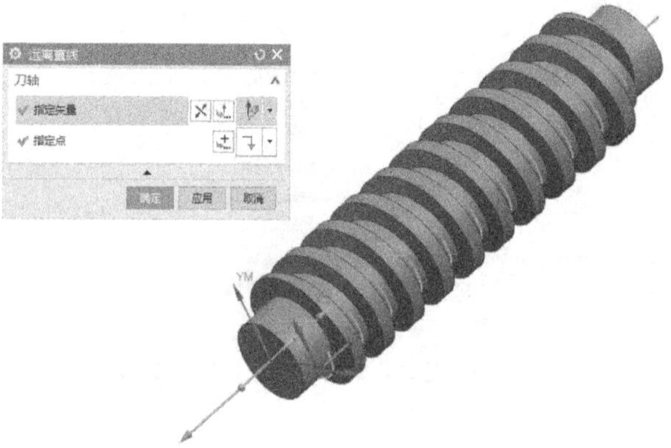

图 2-3-19　定义直线

图 2-3-20　刀轨设置

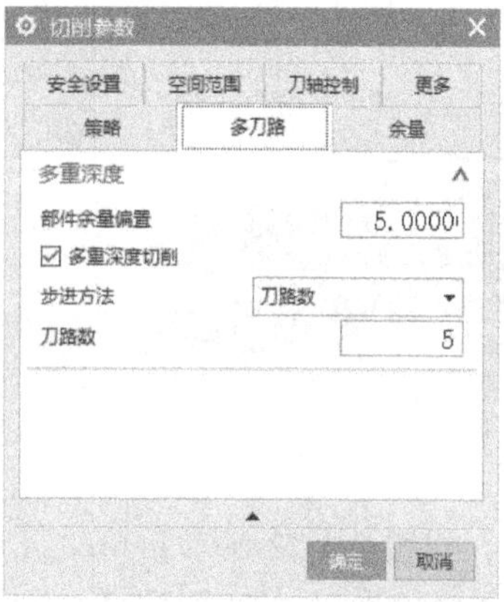

图 2-3-21　【多刀路】设置

图 2-3-22　【余量】设置

图 2-3-23　【进给率和速度】设置

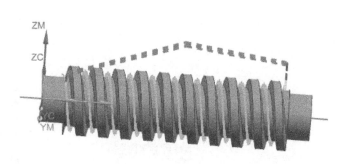

图 2-3-24　螺杆粗加工刀轨

（三）左侧面精加工

1）单击【菜单】→【插入】→【工序】按钮，弹出【创建工序】对话框，设置【类型】为【mill_multi-axis】，【工序子类型】为【VARIABLE_CON-TOUR】（可变轮廓铣），【程序】为【PROGRAM】，【刀具】为【D6R0】，【几何体】为【WORKPIECE】，【方法】为【MILL_FINISH】，【名称】为【MILL_FINISH-1】，如图 2-3-25 所示。单击【确定】按钮，弹出【可变轮廓铣-【MILL_FINISH-1】】对话框，如图 2-3-26 所示。

图 2-3-25　创建螺纹左侧面精加工工序

图 2-3-26　螺纹左侧面精加工工序参数设置

2）打开【驱动方法】选项组，设置【方法】为【曲面区域】，如图 2-3-27 所示，弹出图 2-3-28 所示对话框，设置【刀具位置】为【相切】，【切削模式】为【螺旋】，【步距】为

【数量】,【步距数】为【10】。

图 2-3-27　【驱动方法】设置

图 2-3-28　【曲面区域驱动方法】设置

3）单击【选择或编辑驱动几何体】按钮,弹出【驱动几何体】对话框,选择图 2-3-29 所示曲面,单击【确定】按钮,完成操作。

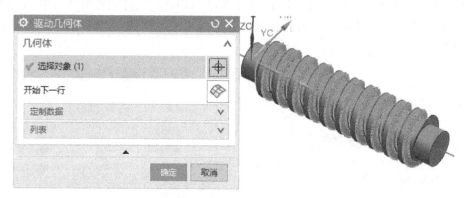

图 2-3-29　选择驱动曲面

4）设置【投影矢量】中的【矢量】为【刀轴】,如图 2-3-30 所示。设置【刀轴】中的【轴】为【远离直线】,如图 2-3-31 所示。选择螺杆轴线,单击【确定】按钮,完成操作。

图 2-3-30　【投影矢量】设置

图 2-3-31　【刀轴】设置

5）单击【进给率和速度】按钮，设置【主轴速度（rpm）】为【3500】，【切削】为【1200mmpm】，如图2-3-32所示。单击【确定】按钮，完成设置。

6）单击【生成】按钮，得到螺纹左侧面精加工刀轨，如图2-3-33所示。

（四）右侧面精加工

采用同样的方法，创建螺纹右侧面精加工刀轨，【名称】为【MILL_FINISH-2】，如图2-3-34所示。

图2-3-32　【进给率和速度】设置

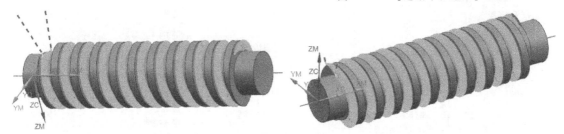

图2-3-33　螺纹左侧面精加工刀轨　　　　　图2-3-34　螺纹右侧面精加工刀轨

（五）底面精加工

1）单击【菜单】→【插入】→【工序】按钮，弹出【创建工序】对话框，设置【类型】为【mill_multi-axis】，【工序子类型】为【VARIABLE_CONTOUR】（可变轮廓铣），【程序】为【PROGRAM】，【刀具】为【D6R0】，【几何体】为【WORKPIECE】，【方法】为【MILL_FINISH】，【名称】为【MILL_FINISH-3】，如图2-3-35所示。单击【确定】按钮，弹出【可变轮廓铣-【MILL_FINISH-3】】对话框，如图2-3-36所示。

2）打开【驱动方法】选项组，设置【方法】为【曲线/点】，如图2-3-37所示，弹出【曲线/点驱动方法】对话框，选择图2-3-38所示曲线。

3）设置【投影矢量】中的【矢量】为【刀轴】，如图2-3-39所示。

4）设置【刀轴】中的【轴】为【远离直线】，如图2-3-40所示，弹出【远离直线】对话框，选择现有直线，选中图2-3-41所示直线，单击【确定】按钮，完成操作。

5）单击【进给率和速度】按钮，设置【主轴速度（rpm）】为【3800】，【切削】为【1500mmpm】，如图

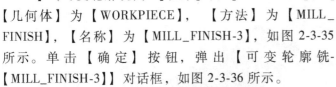

图2-3-35　创建底面精加工工序

2-3-42 所示。

6) 单击【生成】按钮，得到螺纹底面精加工刀轨，如图 2-3-43 所示。

图 2-3-36　底面精加工工序参数设置

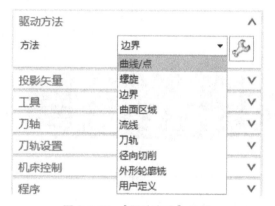

图 2-3-37　【驱动方法】设置

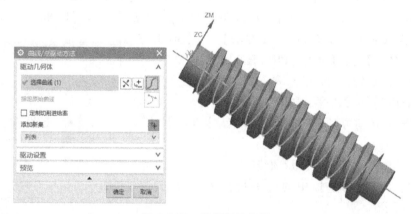

图 2-3-38　选择驱动曲线

图 2-3-39　【投影矢量】设置

图 2-3-40 【刀轴】设置

图 2-3-41 选择直线

图 2-3-42 【进给率和速度】设置

图 2-3-43 螺纹底面精加工刀轨

三、仿真加工

1）进行零件仿真加工。在【工序导航器】中选择【PROGRAM】节点并右击，选择【刀轨】→【确认】命令，如图 2-3-44 所示，弹出【刀轨可视化】对话框，选择【3D 动态】选项卡，如图 2-3-45 所示。单击【播放】按钮，开始仿真加工。

2）仿真结果如图 2-3-46 所示。

四、零件加工

按照设备管理要求，对加工中心进行点检，确保设备完好，特别注意气压、油压、室内温度是否合格。对机床通电开机，并将机床各坐标轴回零，然后对机床进行低转速预热、主轴润滑。

将工件装入机床自定心卡盘，调整伸出长度，用百分表校准工件，回转跳动误差控制在 0.05mm 以内，夹紧自定心卡盘。

对照工艺要求，准备好所有刀具和相应的刀柄、夹头，将刀具安装到对应的刀柄上，调整刀具伸出长度，刀具伸出长度必须与编程时软件内设置的一致，使用对刀仪测量刀具长度并输入机床刀具参数表，然后将装有刀具的刀柄按刀具号装入刀库。

图 2-3-44 确认刀轨

图 2-3-45 【刀轨可视化】对话框

对刀和程序传输完成后，将机床模式切换到自动方式，按下循环启动键，即可开始自动加工，由于是首件第一次加工，所以在加工过程中要密切注意加工状态，有问题要及时停止。

专家点拨

1）"曲线/点"驱动方法可以通过指定点、选择曲线或面边缘定义驱动几何体。指定点后，驱动轨迹创建为指定点之间的线段；指定曲线或边时，沿选定曲线和边生成驱动点。驱动几何体投影到部件几何体上，然后在此生成刀轨。

图 2-3-46 仿真结果

2）当由曲线或边定义驱动几何体时，刀具沿着刀轨按选择的顺序从一条曲线或边运动至下一条。所选的曲线可以是连续的，也可以是非连续的。

课后训练

　　根据图 2-3-47 所示柱面图案零件的特征，制定合理的工艺路线，设置必要的加工参数，生成刀具路径，通过相应的后处理生成数控加工程序，并加工零件。

图 2-3-47　柱面图案零件

模块3 五轴铣削加工

五轴联动加工技术已经成熟并且应用越来越广泛。从机床制造的角度来看，五轴机床比三轴机床多两个角度轴，即转台或摆头。从五轴加工应用的角度来看，机床角度轴的配置、CAM软件的刀具轴线控制、刀具路径的后处理是关键技术。

NX CAM 的可变轴曲面轮廓铣为五轴铣削加工提供了很好的解决方案。它常采用驱动面投影方法，生成加工面上的刀具轨迹。这种方法可以使得驱动面和加工面分离，从而降低对加工面的要求，不论加工面属于单个曲面或者混合曲面，也无论加工面是否连续、是否有突变，NX CAM 都能高效地生成刀具轨迹。

项目1 旋钮的数控编程与加工

教学目标

能力目标

1）能编制旋钮加工工艺卡。

2）能使用 NX 12.0 软件编制旋钮的五轴加工程序。

3）能操作五轴加工中心完成旋钮的加工。

知识目标

1）掌握五轴加工铣削几何体的设置方法。

2）掌握五轴加工刀轴的设置方法。

3）掌握五轴加工曲面驱动方法。

素养目标

激发读者感恩社会，培养家国情怀。

项目导读

本项目所涉及旋钮为旋钮模具中的一个零件，起成形的作用。此旋钮可采用五轴联动加工，主要由成形面和分型面组成。在编程与加工过程中要特别注意成形面的表面粗糙度。

工作任务

本工作任务的内容为：分析旋钮零件的模型，明确加工内容和加工要求，对加工内容进行合理的工序划分，确定加工路线，选用加工设备、选用刀具和夹具，制定加工工艺卡；运用 NX 软件编制旋钮的加工程序并进行仿真加工，操作五轴加工中心完成旋钮加工。

一、制定加工工艺

1. 模型分析

旋钮零件模型如图 3-1-1 所示，其结构比较简单，主要由成形面和分型面组成。零件材料为 42CrMo 合金钢，为中碳合金钢，性能优良，广泛应用于模具制造，可加工性比较好。

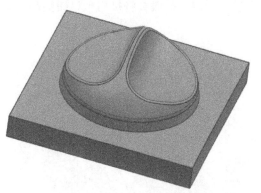

2. 制定工艺路线

旋钮零件毛坯为六面精加工块料，毛坯外形无须加工，可采用机用平口钳夹持，使用五轴加工中心完成加工。

图 3-1-1　旋钮零件模型

1）备料：42CrMo 钢预制件，可通过外协加工或者安排前道工序得到。

2）用机用平口钳装夹，粗加工，留 0.3mm 余量。

3）分型面精加工。

4）底部锥面精加工。

5）成形面精加工。

6）抛光。

3. 加工设备选用

选用 DMU65 monoBLOCK 五轴加工中心。该五轴加工中心为 A/C 轴摇篮式结构，配有海德汉 TNC 640 数控系统、全闭环光栅尺、红外自动对刀系统，加工精度高，主要技术参数和外观见表 3-1-1。

表 3-1-1　五轴加工中心主要技术参数和外观

主要技术参数		机床外观
X 轴行程/mm	750	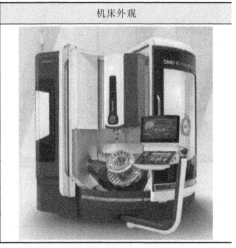
Y 轴行程/mm	750	
Z 轴行程/mm	660	
C 轴行程	0°～360°	
A 轴行程	−120°～120°	
主轴最高转速/(r/min)	14000	
刀具数量	32	
数控系统	海德汉 TNC640	

4. 毛坯选用

零件材料为42CrMo合金钢，根据零件加工特点，毛坯采用预加工件，六面精加工，如图 3-1-2 所示。

5. 装夹方式选用

零件经 1 次装夹完成加工，采用机用平口钳夹持。为了避免在工作台摆动时刀具和工作台发生干涉，一般会将机用平口钳垫高。装夹示意图如图 3-1-3 所示。

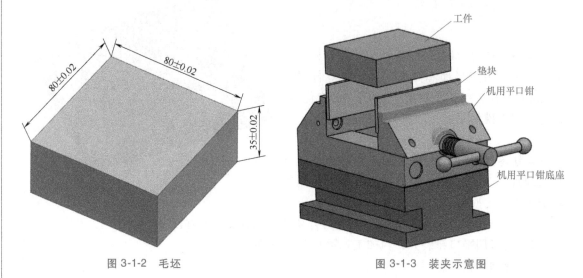

图 3-1-2　毛坯　　　　　　　　　　图 3-1-3　装夹示意图

6. 制定工艺卡

以 1 次装夹作为 1 道工序，制定加工工艺卡，见表 3-1-2 和表 3-1-3。

表 3-1-2　工序清单

零件号:6859889		工艺版本号:0	工艺流程卡-工序清单		
工序号	工序内容	工位	页码:1		页数:2
001	备料(预制件)	采购	零件号:6859889		版本:0
002	铣成形面	五轴加工中心	零件名称:旋钮		
003	抛光	钳工	材料:42CrMo		
004			材料尺寸:预制件		
005			更改号	更改内容	批准	日期
006						
007			01			
008						

拟制:	日期:	审核:	日期:	批准:	日期:	

表 3-1-3 铣成形面工序卡

零件号:6859889			工序名称:铣成形面			工艺流程卡-工序单	
材料:42CrMo		页码:2		工序号:02			版本号:0
夹具:机用平口钳		工位:五轴加工中心		数控程序号:6859889-01.NC			
刀具及参数设置							
刀具号	刀具规格	加工内容		主轴转速	进给速度		
T01	D10R2 铣刀	粗加工		S2600	F1200		
T02	D6R0 铣刀	分型面精加工		S3500	F1000		
T02	D6R0 铣刀	底部锥面精加工		S3500	F1000		
T03	D6R3 铣刀	成形面精加工		S4500	F1500		

01				
更改号	更改内容		批准	日期
拟制:	日期:	审核:	日期:	批准:	日期:

二、编制加工程序

(一) 加工准备

1) 打开模型文件,单击【应用模块】→【加工】按钮,弹出【加工环境】对话框,设置【CAM 会话配置】为【cam_general】,【要创建的 CAM 组装】为【mill_contour】,如图 3-1-4 所示。单击【确定】按钮,进入加工模块。

2) 在【工序导航器】空白处右击,选择【几何视图】命令,如图 3-1-5 所示。

图 3-1-4 【加工环境】设置

图 3-1-5 几何视图选择

3）双击【工序导航器】中的【MCS_MILL】节点，弹出【MCS 铣削】对话框，设置【安全距离】为【50】，如图 3-1-6 所示。

4）单击【指定 MCS】中的【坐标系】按钮，弹出【坐标系】对话框，设置【参考】为【WCS】，单击【确定】按钮，使加工坐标系与工作坐标系重合，如图 3-1-7 所示。再单击【确定】按钮，完成加工坐标系设置。

5）双击【工序导航器】中的【WORKPIECE】节点，弹出【工件】对话框，如图 3-1-8 所示。

6）单击【选择或编辑毛坯几何体】按钮，弹出【毛坯几何体】对话框，选择【几何体】作为毛坯，选择图 3-1-9 所示几何体（此几何体预先在建模模块创建好）。单击【确定】按钮，完成毛坯选择，再单击【确定】按钮，完成毛坯设置。

图 3-1-6　加工坐标系设置 1

图 3-1-7　加工坐标系设置 2

图 3-1-8　【工件】对话框

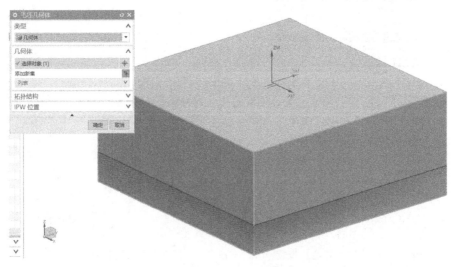

图 3-1-9　毛坯设置

7）在【工序导航器】空白处右击，选择【机床视图】命令，单击【菜单】→【插入】→【刀具】按钮，弹出【创建刀具】对话框，如图 3-1-10 所示，设置【类型】为【mill_planar】，【刀具子类型】为【MILL】，【刀具】为【GENERIC_MACHINE】，【名称】为【D10R2】，单击【确定】按钮，弹出【铣刀 5 参数】对话框，如图 3-1-11 所示，设置【直径】为【10】，【下半径】为【2】，【长度】为【75】，【刀刃长度】为【50】，【刀刃】为【2】，【刀具号】为【1】，【补偿寄存器】为【1】，【刀具补偿寄存器】为【1】，单击【确定】按钮，完成刀具 1 的创建。

图 3-1-10 创建刀具 1　　　　图 3-1-11 刀具 1 参数设置

8）创建刀具 2。设置【类型】为【mill_planar】，【刀具子类型】为【MILL】，【刀具】为【GENERIC_MACHINE】，【名称】为【D6R0】，【直径】为【6】，【下半径】为【0】，【长度】为【75】，【刀刃长度】为【50】，【刀刃】为【2】，【刀具号】为【2】，【补偿寄存器】为【2】，【刀具补偿寄存器】为【2】。

9）创建刀具 3。设置【类型】为【mill_planar】，【刀具子类型】为【BALL_MILL】，【刀具】为【GENERIC_MACHINE】，【名称】为【D6R3】，【球直径】为【6】，【长度】为【75】，【刀刃长度】为【50】，【刀刃】为【2】，【刀具号】为【3】，【补偿寄存器】为【3】，【刀具补偿寄存器】为【3】。

（二）粗加工

1）在【工序导航器】空白处右击，选择【程序顺序视图】命令，单击【菜单】→【插入】→【工序】按钮，弹出【创建工序】对话框，设置【类型】为【mill_contour】，【工序子类型】为【CAVITY_MILL】（型腔铣），【程序】为【PROGRAM】，【刀具】为【D10R2】，【几何体】为【WORKPIECE】，【方法】为【MILL_ROUGH】，【名称】为【MILL_ROUGH-1】，如图3-1-12所示。单击【确定】按钮，弹出【型腔铣-【MILL_ROUGH-1】】对话框，如图3-1-13所示。

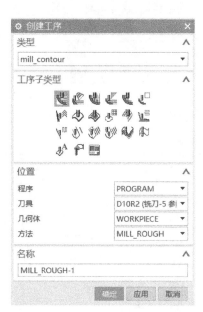

图 3-1-12　创建粗加工工序

图 3-1-13　粗加工工序参数设置

2）单击【选择或编辑部件几何体】按钮，弹出【部件几何体】对话框，选择图3-1-14所示实体作为部件，单击【确定】按钮，完成操作。

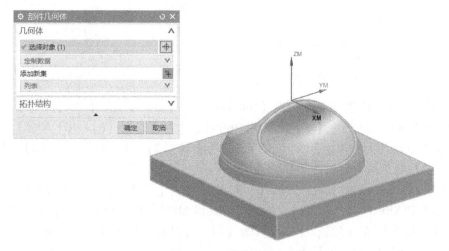

图 3-1-14　指定部件

3）打开【刀轨设置】选项组，设置【方法】为【MILL_ROUGH】，【切削模式】为【跟随部件】，【步距】为【%刀具平直】，【平面直径百分比】为【50】，【公共每刀切削深度】为【恒定】，【最大距离】为【1mm】，如图3-1-15所示。单击【切削参数】按钮，设置【部件侧面余量】为【0.3】，如图3-1-16所示。

图3-1-15 刀轨设置

图3-1-16 【切削参数】设置

4）单击【进给率和速度】按钮，设置【主轴速度（rpm）】为【2600】，【切削】为【1200mmpm】，如图3-1-17所示。单击【生成】按钮，得到旋钮粗加工刀轨，如图3-1-18所示。

图3-1-17 【进给率和速度】设置

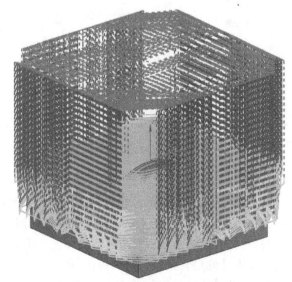

图3-1-18 旋钮粗加工刀轨

（三）分型面精加工

1）单击【菜单】→【插入】→【工序】按钮，弹出【创建工序】对话框，设置【类型】

为【mill_planar】，【工序子类型】为【FACE_MILL】（带边界面铣），【程序】为【PROGRAM】，【刀具】为【D6R0】，【几何体】为【WORKPIECE】，【方法】为【MILL_FINISH】，【名称】为【MILL_FINISH-1】，如图 3-1-19 所示。单击【确定】按钮，弹出【面铣-【MILL_FINISH-1】】对话框，如图 3-1-20 所示。

图 3-1-19　创建分型面精加工工序

图 3-1-20　分型面精加工工序参数设置

　　2）单击【选择或编辑部件几何体】按钮，弹出【部件几何体】对话框，选择图 3-1-21 所示实体作为部件，单击【确定】按钮，完成操作。

　　3）单击【选择或编辑面边界几何体】，弹出【毛坯边界】对话框，选择图 3-1-22 所示平面，单击【确定】按钮，完成操作。

　　4）打开【刀轨设置】选项组，设置【方法】为【MILL_FINISH】，【切削模式】为【跟随周边】，【步距】为【%刀具平直】，【平面直径百分比】为【50】，【毛坯距离】为【3】，如图 3-1-23 所示。单击【切削参数】按钮，选择【策略】选项卡，勾选【添加精加工刀路】，【刀路方向】为【向内】，【刀具延展量】为【60%刀具】，如图 3-1-24 所示。

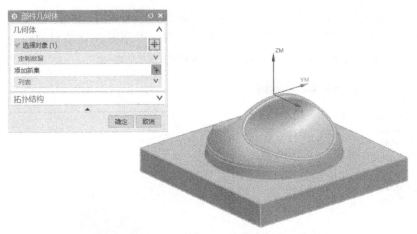

图 3-1-21　指定部件

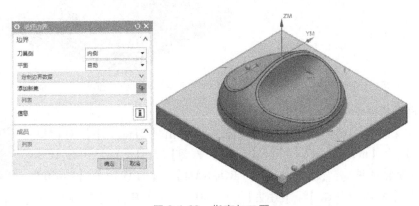

图 3-1-22　指定加工面

图 3-1-23　刀轨设置

图 3-1-24　【切削参数】设置

5）单击【进给率和速度】按钮，设置【主轴速度（rpm）】为【3500】，【切削】为【1000mmpm】，如图 3-1-25 所示。单击【生成】按钮，得到零件分型面的精加工刀轨，如图 3-1-26 所示。单击【确定】按钮，完成分型面精加工刀轨创建。

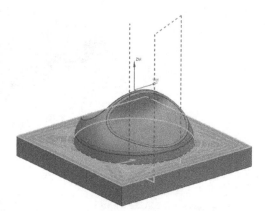

图 3-1-25 【进给率和速度】设置   图 3-1-26 分型面精加工刀轨

（四）底部锥面精加工

1）单击【菜单】→【插入】→【工序】按钮，弹出【创建工序】对话框，设置【类型】为【mill_multi-axis】，【工序子类型】为【VARIABLE_CON-TOUR】（可变轮廓铣），【程序】为【PROGRAM】，【刀具】为【D6R0】，【几何体】为【WORKPIECE】，【方法】为【MILL_FINISH】，【名称】为【MILL_FINISH-2】，如图 3-1-27 所示。单击【确定】按钮，弹出【可变轮廓铣-【MILL_FINISH-2】】对话框，如图 3-1-28 所示。

图 3-1-27 创建底部锥面精加工工序   图 3-1-28 底部锥面精加工工序参数设置

2）单击【选择或编辑检查几何体】按钮，选择图 3-1-29 所示的平面，单击【确定】按钮，完成操作。

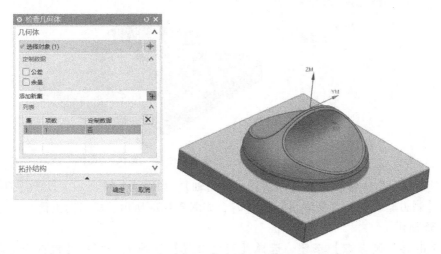

图 3-1-29　指定检查几何体

3）打开【驱动方法】选项组，设置【方法】为【曲面区域】，如图 3-1-30 所示，弹出【曲面区域驱动方法】对话框，设置【刀具位置】为【相切】，【切削模式】为【螺旋】，【步距】为【数量】，【步距数】为【6】，如图 3-1-31 所示。

图 3-1-30　【驱动方法】设置

图 3-1-31　【曲面区域驱动方法】设置

4）单击【选择或编辑驱动几何体】按钮，弹出【驱动几何体】对话框，选择图 3-1-32 所示曲面，单击【确定】按钮，完成操作。

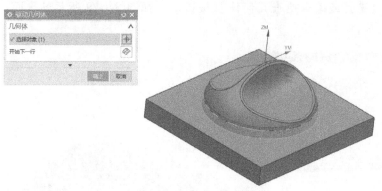

图 3-1-32　选择驱动曲面

5）设置【投影矢量】中的【矢量】为【刀轴】，如图 3-1-33 所示。设置【刀轴】中的【轴】为【侧刃驱动体】，【侧倾角】为【0】，如图 3-1-34 所示。单击向上箭头，完成设定，如图 3-1-35 所示。

6）单击【切削参数】按钮，选择【安全设置】选项卡，设置【检查安全距离】为【0.01mm】，如图 3-1-36 所示。单击【进给率和速度】按钮，设置【主轴速度（rpm）】为【3500】，【切削】为【1000mmpm】，如图 3-1-37 所示。单击【确定】按钮，完成设置。

图 3-1-33　【投影矢量】设置

图 3-1-34　【刀轴】设置

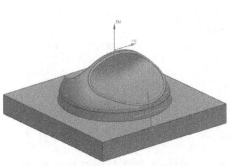

图 3-1-35　侧刃驱动设置

图 3-1-36　安全设置

7）单击【生成】按钮，得到底部锥面精加工刀轨，如图 3-1-38 所示。

图 3-1-37 【进给率和速度】设置

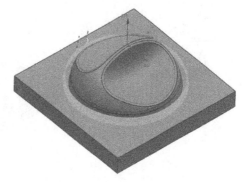

图 3-1-38 底部锥面精加工刀轨

（五）成形面精加工

1）单击【菜单】→【插入】→【工序】按钮，弹出【创建工序】对话框，设置【类型】为【mill_multi-axis】，【工序子类型】为【VARIABLE_CONTOUR】（可变轮廓铣），【程序】为【PROGRAM】，【刀具】为【D6R3】，【几何体】为【WORKPIECE】，【方法】为【MILL_FINISH】，【名称】为【MILL_FINISH-3】，如图 3-1-39 所示。单击【确定】按钮，弹出【可变轮廓铣-【MILL_FINISH-3】】对话框，如图 3-1-40 所示。

图 3-1-39 创建成形面精加工工序

图 3-1-40 成形面精加工工序参数设置

2）单击【选择或编辑部件几何体】按钮，弹出【部件几何体】对话框，选择图 3-1-41 所示曲面作为加工部件，单击【确定】按钮，完成操作。

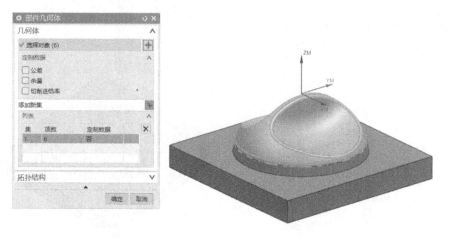

图 3-1-41　指定部件

3）单击【选择或编辑检查几何体】按钮，选择图 3-1-42 所示的平面锥面，单击【确定】按钮，完成操作。

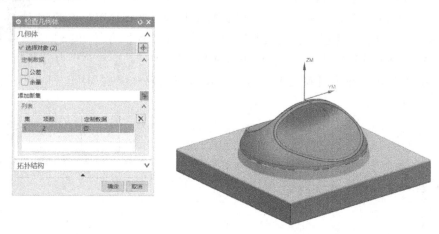

图 3-1-42　指定检查几何体

4）打开【驱动方法】选项组，设置【方法】为【曲面区域】，如图 3-1-43 所示，弹出图 3-1-44 所示对话框，设置【刀具位置】为【相切】，【切削模式】为【螺旋】，【步距】为【残余高度】，【最大残余高度】为【0.01】。

5）单击【选择或编辑驱动几何体】按钮，弹出【驱动几何体】对话框，选择图 3-1-45 所示曲面（此曲面已经构建好，可用取消隐藏功能将其显示出来），单击【确定】按钮，完成操作。

6）设置【投影矢量】中的【矢量】为【刀轴】，如图 3-1-46 所示。设置【刀轴】中的【轴】为【相对于驱动体】，如图 3-1-47 所示。设置【前倾角】为【0】，【侧倾角】为【15】，如图 3-1-48 所示，单击【确定】按钮，完成操作。

图 3-1-44 【曲面区域驱动方法】设置

图 3-1-43 【驱动方法】设置

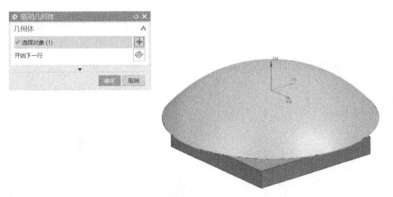

图 3-1-45 选择驱动曲面

图 3-1-46 【投影矢量】设置　　　　图 3-1-47 【刀轴】设置 1

7）单击【切削参数】按钮，选择【安全设置】选项卡，设置【检查安全距离】为【0.01mm】，如图 3-1-49 所示。单击【进给率和速度】按钮，设置【主轴速度（rpm）】为

【4500】,【切削】为【1500mmpm】,如图 3-1-50 所示。单击【确定】按钮,完成设置。

图 3-1-48 【刀轴】设置 2

图 3-1-49 安全设置

8)单击【生成】按钮,得到成形面精加工刀轨,如图 3-1-51 所示。

图 3-1-50 【进给率和速度】设置

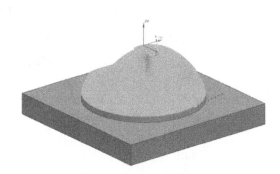

图 3-1-51 成形面精加工刀轨

三、仿真加工

1)进行零件仿真加工。在【工序导航器】中选择【PROGRAM】节点并右击,选择【刀轨】→【确认】命令,如图 3-1-52 所示,弹出【刀轨可视化】对话框,选择【3D 动态】选项卡,如图 3-1-53 所示。单击【播放】按钮,开始仿真加工。

2)仿真结果如图 3-1-54 所示。

四、零件加工

按照设备管理要求,对加工中心进行点检,确保设备完好,特别注意气压、油压、室内温度是否合格。对机床通电开机,并将机床各坐标轴回零,然后对机床进行低转速预热、主轴润滑。

图 3-1-52 确认刀轨

图 3-1-53 【刀轨可视化】对话框

将带有垫高底座的机用平口钳装入五轴加工中心的工作台中心位置，用百分表校正机用平口钳钳口与机床 X 轴平行，确保误差小于0.02mm。将垫块和工件清洁后装入机用平口钳，在机用平口钳夹紧过程中，用橡胶锤轻微向下敲击工件，确保工件与垫块充分接触。

对照工艺要求，准备好所有刀具和相应的刀柄、夹头，将刀具安装到对应的刀柄上，调整刀具伸出长度，刀具伸出长度必须与编程时软件内设置的一致，使用对刀仪测量刀具长度并输入机床刀具参数表，然后将装有刀具的刀柄按刀具号装入刀库。

对刀和程序传输完成后，将机床模式切换到自动方式，按下循环启动键，即可开始自动加工，由于是首件第一次加工，所以在加工过程中要密切注意加工状态，有问题要及时停止。

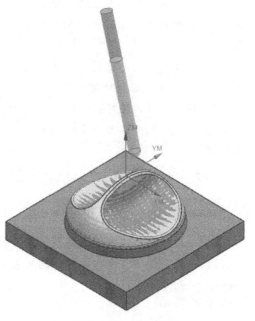

图 3-1-54 仿真结果

1）粗加工时，尽可能用平面加工或者三轴加工去除大的余量。这样做的目的是切削效率高，可预见性强。

2）分层加工中，精加工时留够部件侧面余量。采用分层加工可使零件的内应力均衡，防止变形过大。

3）模具零件的加工顺序应按曲面→清根→曲面反复进行。切忌使两相邻曲面的余量相差过大，否则在去除大的余量时，刀具会向相邻的、余量小的曲面让刀，从而造成相邻曲面过切。

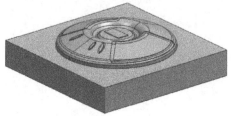

根据图 3-1-55 所示的 CD 机外壳凸模零件的特征，制定合理的工艺路线，设置必要的加工参数，生成刀轨，通过相应的后处理生成数控程序，并运用五轴联动机床加工零件。

图 3-1-55　CD 机外壳凸模零件

项目 2　大力神杯的数控编程与加工

能力目标

1）能编制大力神杯加工工艺卡。

2）能使用 NX 12.0 软件编制大力神杯的五轴加工程序。

3）能操作五轴加工中心完成大力神杯的加工。

知识目标

1）掌握可变轮廓铣削几何体的设置方法。

2）掌握多轴定向加工方法。

3）掌握多轴刀路阵列方法。

4）掌握多轴加工驱动体的设置方法。

素养目标

激发不忘初心，培养积极进取的精神。

本项目所涉及大力神杯为典型的五轴联动加工零件，主要由曲面和斜面组成。在编程与加工过程中要特别注意大力神杯曲面的表面粗糙度。

本工作任务的内容为：分析大力神杯的模型，明确加工内容和加工要求，对加工内容进行合理的工序划分，确定加工路线，选用加工设备、刀具和夹具，制定加工工艺卡；运用NX软件编制大力神杯的加工程序并进行仿真加工，操作五轴加工中心完成大力神杯加工。

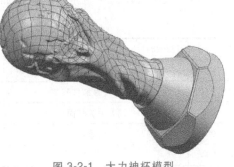

一、制定加工工艺

1. 模型分析

大力神杯模型如图 3-2-1 所示，主要由曲面、斜面、圆角组成。零件材料为 6061 铝合金，性能优良，应用广泛，可加工性好。

图 3-2-1　大力神杯模型

2. 制定工艺路线

毛坯为 6061 铝合金棒料，毛坯已经过前道工序加工，直径和高度已经加工到位，采用自定心卡盘装夹，使用五轴加工中心完成加工。

1）备料：6061 预制件，可通过外协加工或者安排前道工序得到。

2）用自定心卡盘装夹，粗加工正面，留 0.3mm 余量。

3）粗加工反面，留 0.3mm 余量。

4）精加工斜面。

5）精加工大力神杯杯身曲面。

6）精加工大力神杯头部曲面。

7）精加工圆角。

3. 加工设备选用

选用 DMU65 monoBLOCK 五轴加工中心。

4. 毛坯选用

零件材料为 6061 铝合金，性能优良，应用广泛，可加工性好。根据零件加工特点，毛坯采用棒料，毛坯已经过前道工序加工，直径和高度已经加工到位。毛坯尺寸如图 3-2-2 所示。

5. 装夹方式选用

零件经 1 次装夹完成加工，采用自定心卡盘装夹，为了避免在工作台摆动时刀具和工作台发生干涉，一般会将自定心卡盘垫高。装夹示意图如图 3-2-3 所示。

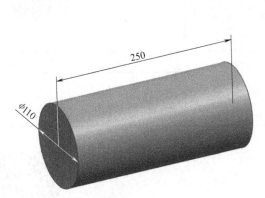

图 3-2-2　毛坯

图 3-2-3　装夹示意图

6. 制定工艺卡

以 1 次装夹作为 1 道工序，制定加工工艺卡，见表 3-2-1 和表 3-2-2。

表 3-2-1 工序清单

零件号:17569841			工艺版本号:0	工艺流程卡-工序清单	
工序号	工序内容	工位	页码:1		页数:2
001	备料(预制件)	采购	零件号:17569841		版本:0
002	铣大力神杯面	五轴加工中心	零件名称:大力神杯		
003	钳修	钳工	材料:6061		
004			材料尺寸:预制件		
005			更改号	更改内容	批准	日期
006					
007			01		
008					

拟制:	日期:	审核:	日期:	批准:	日期:

表 3-2-2 铣大力神杯面工艺卡

零件号:17569841		工序名称:铣大力神杯面		工艺流程卡-工序单
材料:6061	页码:2		工序号:02	版本号:0
夹具:自定心卡盘	工位:五轴加工中心		数控程序号:17569841-01. NC	

刀具及参数设置					
刀具号	刀具规格	加工内容	主轴转速	进给速度	
T01	D8R1 铣刀	正面粗加工	S3200	F1200	
T01	D8R1 铣刀	反面粗加工	S3200	F1200	
T02	D6R3 铣刀	斜面精加工	S4000	F1200	
T02	D6R3 铣刀	大力神杯杯身曲面精加工	S4500	F1500	
T02	D6R3 铣刀	大力神杯头部曲面精加工	S4500	F1500	
T02	D6R3 铣刀	圆角精加工	S4500	F1500	

01				
更改号	更改内容		批准	日期
拟制:	日期:	审核:	日期:	批准:	日期:

二、编制加工程序

(一) 加工准备

1) 打开模型文件，单击【应用模块】→【加工】按钮，弹出【加工环境】对话框，设置【CAM 会话配置】为【cam_general】，【要创建的 CAM 组装】为【mill_contour】，如图 3-2-4 所示。单击【确定】按钮，进入加工模块。

2）在【工序导航器】空白处右击，选择【几何视图】命令，如图 3-2-5 所示。

图 3-2-4 【加工环境】设置　　　　　　图 3-2-5 选择【几何视图】命令

3）双击【工序导航器】中的【MCS_MILL】节点，弹出【MCS 铣削】对话框，设置【安全距离】为【50】，如图 3-2-6 所示。

4）单击【指定 MCS】中的【坐标系】按钮，弹出【坐标系】对话框，设置【参考】为【WCS】，单击【确定】按钮，使加工坐标系与工作坐标系重合，如图 3-2-7 所示。再单击【确定】按钮，完成加工坐标系设置。

图 3-2-6 加工坐标系设置（一）　　　　图 3-2-7 加工坐标系设置（二）

5）双击【工序导航器】中的【WORKPIECE】节点，弹出【工件】对话框，如图 3-2-8 所示。

6）单击【选择或编辑毛坯几何体】按钮，弹出【毛坯几何体】对话框，选择【几何体】作为毛坯，选择图 3-2-9 所示几何体（此几何体预先在建模模块创建好）。单击【确定】按钮，完成毛坯选择，再单击【确定】按钮，完成毛坯设置。

7）在【工序导航器】空白处右击，选择【机床视图】命令，单击【菜单】→【插入】→【刀具】按钮，弹出【创建刀具】对话框，如图 3-2-10 所示。设置【类型】为【mill_planar】，【刀具子类型】为【MILL】，【刀具】为【GENERIC_MACHINE】，【名称】为【D8R1】，单击【确定】按钮，弹出【铣刀-5 参数】对话框，如图 3-2-11 所示，设置【直径】为【8】，【下半径】为【1】，【长度】为【75】，【刀刃长度】为【50】，【刀刃】为【2】，【刀具号】为【1】，【补偿寄存器】为【1】，【刀具补偿寄存器】为【1】，单击【确定】按钮，完成刀具 1 的创建。

图 3-2-8 【工件】对话框

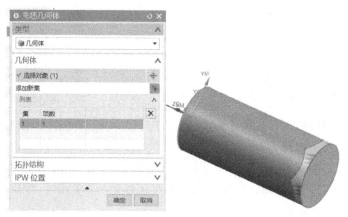

图 3-2-9 毛坯设置

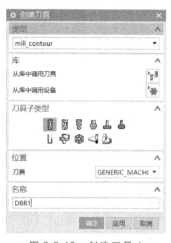

图 3-2-10 创建刀具 1

图 3-2-11 刀具 1 参数设置

8）创建刀具2。设置【类型】为【mill_CONTOUR】，【刀具子类型】为【BALL_MILL】，【刀具】为【GENERIC_MACHINE】，名称为【D6R3】，【球直径】为【6】，【长度】为【75】，【刀刃长度】为【50】，【刀刃】为【2】，【刀具号】为【2】，【补偿寄存器】为【2】，【刀具补偿寄存器】为【2】。

（二）正面粗加工

1）在【工序导航器】空白处右击，选择【程序顺序视图】命令，单击【菜单】→【插入】→【工序】按钮，弹出【创建工序】对话框，设置【类型】为【mill_contour】，【工序子类型】为【CAVITY_MILL】（型腔铣），【程序】为【PROGRAM】，【刀具】为【D8R1】，【几何体】为【WORKPIECE】，【方法】为【MILL_ROUGH】，【名称】为【MILL_ROUGH-1】，如图3-2-12所示。单击【确定】按钮，弹出【型腔铣-【MILL_ROUGH-1】】对话框，如图3-2-13所示。

图 3-2-12　创建正面粗加工工序　　　　图 3-2-13　正面粗加工工序参数设置

2）单击【选择或编辑部件几何体】按钮，弹出【部件几何体】对话框，在【类型过滤器】中选择【面】，选择图3-2-14所示几何体为部件，单击【确定】按钮，完成操作。

3）打开【刀轴】选项组，设置【轴】为【指定矢量】，并选择【XC】作为刀轴，如图3-2-15所示。

4）设置【切削模式】为【跟随部件】，【步距】为【%刀具平直】，【平面直径百分比】为【75】，【公共每刀切削深度】为【恒定】，【最大距离】为【1mm】，如图3-2-16所示。单击【切削层】按钮，弹出【切削层】对话框，单击编辑当前范围，选择轴的圆心，如图3-2-17所示。

5）单击【切削参数】按钮，设置【部件侧面余量】为【0.3】，如图3-2-18所示。选择【连接】选项卡，设置【开放刀路】为【变换切削方向】，如图3-2-19所示。

6）单击【进给率和速度】按钮，设置【主轴速度（rpm）】为【3200】，【切削】为【1200mmpm】，如图3-2-20所示。单击【生成】按钮，得到零件正面粗加工刀轨，如图3-2-21所示。

图 3-2-14 指定部件几何体

图 3-2-15 设定【刀轴】

图 3-2-16 刀轨设置

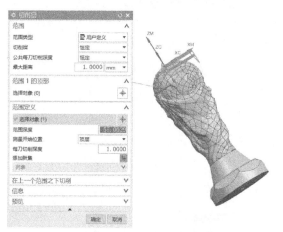

图 3-2-17 【切削层】设置

图 3-2-18 【余量】设置

图 3-2-19 【连接】设置

图 3-2-20 【进给率和速度】设置

图 3-2-21 正面粗加工刀轨

（三）反面粗加工

1）在【工序导航器】中复制操作【MILL_ROUGH-1】并粘贴，重命名新操作为【MILL_ROUGH-2】，如图 3-2-22 所示。双击【MILL_ROUGH-2】，弹出【型腔铣-【MILL_ROUGH-2】】对话框，如图 3-2-23 所示。

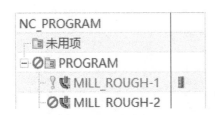

图 3-2-22 复制操作

图 3-2-23 【型腔铣-【MILL_ROUGH-2】】对话框

2）打开【刀轴】选项组，设置【轴】为【指定矢量】，如图 3-2-24 所示，选择【-XC】为刀轴。

3）单击【切削层】按钮，弹出【切削层】对话框，单击编辑当前范围，选择轴的圆心，如图 3-2-25 所示。

图 3-2-24 指定-XC 为刀轴

4）单击【生成】按钮，得到零件反面粗加工刀轨，如图 3-2-26 所示。

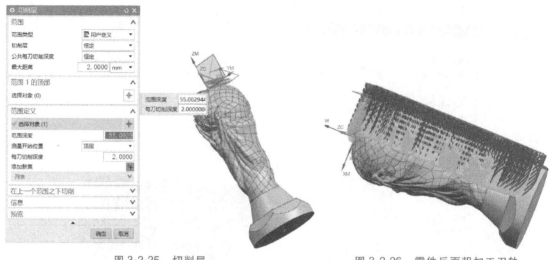

图 3-2-25　切削层　　　　　　　　　图 3-2-26　零件反面粗加工刀轨

（四）斜面精加工

1）单击【菜单】→【插入】→【工序】按钮，弹出【创建工序】对话框，设置【类型】为【mill_planar】，【工序子类型】为【FACE_MILL】（带边界面铣），【程序】为【PROGRAM】，【刀具】为【D6R3】，【几何体】为【WORKPIECE】，【方法】为【MILL_FINISH】，【名称】为【MILL_FINISH-1】，如图 3-2-27 所示。单击【确定】按钮，弹出【面铣-【MILL_FINISH-1】】对话框，如图 3-2-28 所示。

图 3-2-27　创建斜面精加工工序

图 3-2-28　斜面精加工工序参数设置

2）单击【选择或编辑部件几何体】按钮，弹出【部件几何体】对话框，在【类型过滤器】中选择【片体】，选择图 3-2-29 所示部件，单击【确定】按钮，完成操作。

3）单击【选择或编辑面几何体】按钮，选择图 3-2-30 所示面，单击【确定】按钮，完成操作。

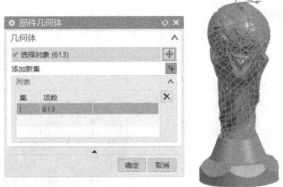

图 3-2-29　指定部件

图 3-2-30　指定面边界

4）打开【刀轴】选项组，设置【轴】为【垂直于第一个面】，如图 3-2-31 所示。

5）设置【切削模式】为【往复】，【步距】为【%刀具平直】，【平面直径百分比】为【75】，【毛坯距离】为【3】，【每刀切削深度】为【0】，【最终底面余量】为【0】，如图 3-2-32 所示。单击【进给率和速度】按钮，弹出【进给率和速度】对话框，设定【主轴速度（rpm）】为【4000】，【切削】为【1200mmpm】，如图 3-2-33 所示。

图 3-2-31　【刀轴】设置

图 3-2-32　刀轨设置

6）单击【生成】按钮，得到斜面精加工刀轨，如图 3-2-34 所示。

图 3-2-33 【进给率和速度】设置

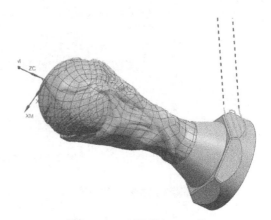

图 3-2-34 斜面精加工刀轨

7）在【工序导航器】中右击【MILL_FINISH-1】，选择【对象】→【变换】命令，如图 3-2-35 所示，弹出【变换】对话框。

8）设置【类型】为【绕点旋转】，【指定枢轴点】为（0，0，0），【角度】为【60】，勾选【复制】单选按钮，设置【非关联副本数】为【5】，如图 3-2-36 所示。单击【确定】按钮，得到其他 5 个斜面的精加工刀轨，如图 3-2-37 所示。

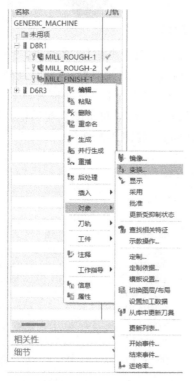

图 3-2-35 刀轨变换

图 3-2-36 【变换】设置

（五）大力神杯杯身曲面精加工

1）单击【菜单】→【插入】→【工序】按钮，弹出【创建工序】对话框，设置【类型】为【mill_multi-axis】，【工序子类型】为【VARIABLE_CONTOUR】（可变轮廓铣），【程序】为【PROGRAM】，【刀具】为【D6R3】，【几何体】为【WORKPIECE】，【方法】为【MILL_FIN-ISH】，【名称】为【MILL_FINISH-2】，如图 3-2-38 所示。单击【确定】按钮，弹出【可变轮廓铣-【MILL_FINISH-2】】对话框，如图 3-2-39 所示。

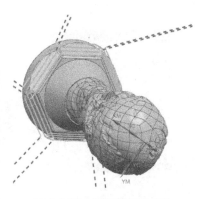

图 3-2-37　斜面精加工刀轨

2）单击【选择或编辑部件几何体】按钮，选择图 3-2-40 所示部件，在【类型过滤器】中选择【面】，单击【确定】按钮，完成操作。

3）打开【驱动方法】选项组，设置【方法】为【曲面区域】，如图 3-2-41 所示。弹出【曲面区域驱动方法】对话框，设置【刀具位置】为【相切】，【切削模式】为【螺旋】，【步距】为【数量】，【步距数】为【300】，如图 3-2-42 所示。

4）单击【选择或编辑驱动几何体】按钮，弹出【驱动几何体】对话框，选择图 3-2-43 所示圆柱面（此面预先已构建好），单击【确定】按钮，完成操作。

5）设置【投影矢量】中的【矢量】为【垂直于驱动体】，如图 3-2-44 所示。设置【刀轴】中的【轴】为【侧刃驱动体】，如图 3-2-45 所示。设置【划线类型】为【栅格或修剪】，【侧倾角】为【60】，【指定侧刃方向】为向上箭头如图 3-2-46 所示。

图 3-2-38　创建大力神杯杯身
曲面精加工工序

图 3-2-39　大力神杯杯身曲面
精加工工序参数设置

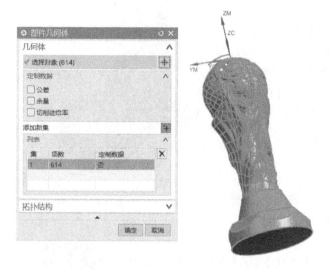

图 3-2-40 指定部件

图 3-2-41 【驱动方法】设置

图 3-2-42 【曲面区域驱动方法】设置

图 3-2-43 选择驱动曲面

图 3-2-44 【投影矢量】设置

6）单击【进给率和速度】按钮，设置【主轴速度（rpm）】为【4500】，【切削】为【1500mmpm】，如图 3-2-47 所示，单击【确定】按钮，完成设置。单击【生成】按钮，得到大力神杯杯身曲面精加工刀轨，如图 3-2-48 所示。

图 3-2-45 【刀轴】设置 1

图 3-2-46 【刀轴】设置 2

图 3-2-47 【进给率和速度】设置

图 3-2-48 大力神杯杯身曲面精加工刀轨

（六）大力神杯头部曲面精加工

1）单击【菜单】→【插入】→【工序】按钮，弹出【创建工序】对话框，设置【类型】为【mill_multi-axis】，【工序子类型】为【VARIABLE_CON-TOUR】（可变轮廓铣），【程序】为【PROGRAM】，【刀具】为【D6R3】，【几何体】为【WORKPIECE】，【方法】为【MILL_FINISH】，【名称】为【MILL_FINISH-3】，如图 3-2-49 所示。单击【确定】按钮，弹出【可变轮廓铣-【MILL_FINISH-3】】对话框，如图 3-2-50 所示。

2）单击【选择或编辑部件几何体】按钮，在【类型过滤器】中选择【面】，选择图 3-2-51 所示的所有面，单击【确定】按钮，完成操作。

图 3-2-49　创建大力神杯头部曲面精加工工序　　　图 3-2-50　大力神杯头部曲面精加工工序参数设置

图 3-2-51　指定部件

图 3-2-52　【驱动方法】设置

3）打开【驱动方法】选项组，设置【方法】为【曲面区域】，如图 3-2-52 所示，弹出【曲面区域驱动方法】对话框，设置【刀具位置】为【相切】，【切削模式】为【螺旋】，【步距】为【数量】，【步距数】为【70】，如图 3-2-53 所示。

4）单击【选择或编辑驱动几何体】按钮，弹出【驱动几何体】对话框，选择图 3-2-54 所示圆柱面（此面预先已构建好），单击【确定】按钮，完成操作。

5）设置【投影矢量】中的【矢量】为【指定矢量】，如图 3-2-55 所示。设置【指定矢量】为【-ZC】，【刀轴】中的【轴】为【相对于驱动体】，如图 3-2-56 所示。设置【前倾角】为【10】，【侧倾角】为【45】，勾选【应用光顺】，单击【确定】按钮，完成设置，如

图 3-2-53　【曲面区域驱动方法】设置

图 3-2-54　选择驱动曲面

图 3-2-56　【刀轴】设置 1

图 3-2-55　【投影矢量】设置

图 3-2-57 所示。

6）单击【进给率和速度】按钮，设置【主轴速度（rpm）】为【4500】，【切削】为【1500mmpm】，如图 3-2-58 所示。单击【确定】按钮，完成设置。单击【生成】按钮，得到大力神杯头部曲面精加工刀轨，如图 3-2-59 所示。

图 3-2-57　【刀轴】设置 2

图 3-2-58 【进给率和速度】设置

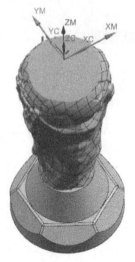

图 3-2-59 大力神杯头部曲面精加工刀轨

（七）圆角精加工

1）单击【菜单】→【插入】→【工序】按钮，弹出【创建工序】对话框，设置【类型】为【mill_mult-axis】，【工序子类型】为【VARIABLE_CONTOUR】（可变轮廓铣），【程序】为【PROGRAM】，【刀具】为【D6R3】，【几何体】为【WORKPIECE】，【方法】为【MILL_FINISH】，【名称】为【MILL_FINISH-4】，如图 3-2-60 所示。单击【确定】按钮，弹出【可变轮廓铣-【MILL_FINISH-4】】对话框，如图 3-2-61 所示。

图 3-2-60 创建圆角精加工工序

图 3-2-61 圆角精加工工序参数设置

2）单击【选择或编辑部件几何体】按钮，在【类型过滤器】中选择【面】，选择图 3-2-62 所示面，单击【确定】按钮，完成操作。

图 3-2-62　指定部件

3）打开【驱动方法】选项组，设置【方法】为【曲面区域】，如图 3-2-63 所示，弹出【曲面区域驱动方法】对话框，设置【刀具位置】为【相切】，【切削模式】为【螺旋】，【步距】为【数量】，【步距数】为【10】，如图 3-2-64 所示。

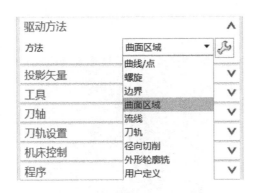

图 3-2-63　【驱动方法】设置　　　　　图 3-2-64　【曲面区域驱动方法】设置

4）单击【选择或编辑驱动几何体】按钮，弹出【驱动几何体】对话框，选择图 3-2-65 所示圆角，单击【确定】按钮，完成操作。

5）设置【投影矢量】中的【矢量】为【刀轴】，如图 3-2-66 所示。设置【刀轴】中的【轴】为【垂直于驱动体】，如图 3-2-67 所示。

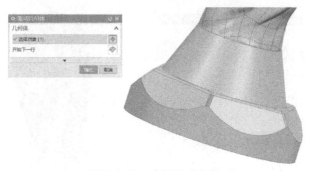

图 3-2-65　选择驱动曲面

图 3-2-66　【投影矢量】设置　　　　　　　图 3-2-67　【刀轴】设置

6）单击【进给率和速度】按钮，设置【主轴速度（rpm）】为【4500】，【切削】为【1500mmpm】，如图 3-2-68 所示。单击【确定】按钮，完成设置。单击【生成】按钮，得到圆角精加工刀轨，如图 3-2-69 所示。

图 3-2-68　【进给率和速度】按钮

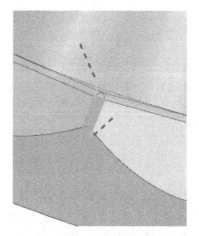

图 3-2-69　圆角精加工刀轨

7）采用阵列斜面刀轨的方法，对此圆角刀轨进行阵列，得到图 3-2-70 所示刀轨。

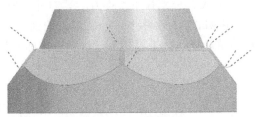

图 3-2-70 阵列圆角刀轨

三、仿真加工

1）进行零件仿真加工。在【工序导航器】中选择【PROGRAM】节点并右击，选择【刀轨】→【确认】命令，如图 3-2-71 所示，弹出【刀轨可视化】对话框，选择【3D 动态】选项卡，如图 3-2-72 所示。单击【播放】按钮，开始仿真加工。

2）仿真结果如图 3-2-73 所示。

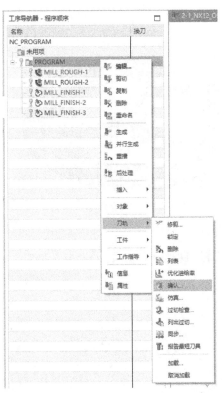

图 3-2-71 确认刀轨

图 3-2-72 【刀轨可视化】对话框

四、零件加工

1）安装刀具和零件。根据机床型号，选择 BT40 刀柄，对照工序清单安装刀具。所有刀具保证伸出长度大于 35mm。将机用平口钳安装在加工中心工作台面上，用百分表校正并固定，将毛坯夹紧。

2）对刀。零件加工原点设置在毛坯左端面中心。使用机械式寻边器，找正毛坯中心，并设置 G54 参数，使用 Z 向对刀仪，分别找正每把刀的 Z 向补偿值，并设置刀具补偿参数。

3）程序传输并加工。使用 winPCin 软件将后处理得到的加工程序传输到加工中心的数控系统中，设置机床为自动加工模式，按下循环启动键，机床即开始自动加工零件。

专家点拨

遇到难加工材料、加工区域窄小或刀具长径比较大的情况时，粗加工可采用插铣方式。

课后训练

根据图 3-2-74 所示轮盘类零件的特征，制定合理的工艺路线，设置必要的加工参数，生成刀轨，通过相应的后处理生成数控加工程序，并运用机床加工零件。

图 3-2-73 仿真结果

图 3-2-74 轮盘类零件

项目 3 叶轮的多轴编程与加工

教学目标

能力目标

1）能编制叶轮五轴加工的加工工艺卡。

2）能使用 NX 12.0 软件编制叶轮的五轴加工程序。

3）能操作五轴加工中心完成叶轮的加工。

知识目标

1）掌握叶轮的加工工艺。

2）掌握叶轮加工程序的编制方法。

3）掌握叶轮的实际加工流程。

素养目标

激发读者诚实守信，培养风险防控意识。

项目导读

本项目所涉及叶轮为某款汽车发动机涡轮增压叶轮，是汽车发动机中涡轮增压系统的核心部件，其作用是将进气口的空气进行增压后输送给发动机。此叶轮为典型的半封闭式叶轮，主要由主叶片、分流叶片、流道面、包覆面、叶根圆角、内孔等特征组成。在编程与加工过程中要特别注意刀具和叶片的干涉。

工作任务

本工作任务的内容为：分析叶轮零件的模型，明确加工内容和加工要求，对加工内容进行合理的工序划分，确定加工路线，选用加工设备、刀具和夹具，制定加工工艺卡；运用NX软件编制叶轮的加工程序并进行仿真加工，操作五轴加工中心完成叶轮的加工，对加工成品进行检测，并根据检测结果对整个加工工艺和加工程序提出修改建议。

一、制定加工工艺

1. 模型分析

叶轮零件模型如图 3-3-1 所示，其结构比较典型，主要由主叶片、分流叶片、流道面、包覆面、叶根圆角、内孔等特征组成。

叶轮零件材料为 7075 航空铝合金，可加工性比较好。叶轮主要加工内容及其要求见表 3-3-1。

图 3-3-1　叶轮零件模型

表 3-3-1　叶轮主要加工内容及其要求

加工内容	要　　求
外圆	叶轮底部外圆，尺寸为 $\phi97.64\pm0.05$mm
内孔	叶轮中间内孔，尺寸为 $\phi12^{+0.021}_{0}$mm
左、右端面	总高为 $35^{0}_{-0.08}$mm
孔口倒角	倒角尺寸 $C0.5$
主叶片	面轮廓度为 0.08mm
分流叶片	面轮廓度为 0.08mm
流道面	允许残留高度为 0.1mm
包覆面	面轮廓度为 0.08mm
叶根圆角	叶根圆角 $R1.8$mm

2. 制定工艺路线

叶轮零件分 3 次装夹，毛坯留有一定的夹持量，首先用数控车床车削叶轮底面及外圆，然后用数控车床车削叶轮包覆面及内孔，最后使用五轴加工中心铣削叶轮叶片及流道面。

1）备料：7075 棒料，尺寸为 $\phi100$mm×40mm。

2）车底面：自定心卡盘夹毛坯，车端面，见光即可。

3）钻孔：钻 ϕ11mm 通孔。

4）车外圆：粗、精车 ϕ97.64mm 外圆。

5）车端面：采用自定心卡盘加软卡爪，夹持已加工的 ϕ97.64mm 外圆，车端面保证总长。

6）车包覆面；粗、精车叶轮包覆面。

7）精车内孔：精车 ϕ12mm 内孔。

8）粗铣叶片：采用专用夹具装夹，粗铣叶轮，留 0.5mm 余量。

9）半精铣叶片：半精铣叶片，留 0.2mm 余量。

10）精铣流道面：采用与叶根圆角等半径的刀具精铣流道面至要求。

11）精铣叶片及叶根圆角：采用与叶根圆角等半径的刀具精铣叶片及叶根圆角至模求。

3. 加工设备选用

叶轮加工需要选用数控车床和五轴加工中心两种加工设备。数控车床选用 FTC-10 斜床身数控车床作为加工设备，此机床为斜床身，具备转塔刀架和液压卡盘，刚性好、加工精度高，适合小型零件的大批量生产，机床主要技术参数和外观见表 3-3-2。

表 3-3-2 机床主要技术参数和外观

主要技术参数		机床外观
最大车削直径/mm	240	
最大车削长度/mm	255	
X 轴行程/mm	120	
Z 轴行程/mm	290	
主轴最高转速/(r/min)	6000	
通孔/拉管直径/mm	56	
刀位置数	8	
数控系统	FANUC　Oi Mate-TC	

五轴加工中心选用 DMU65 monoBLOCK 五轴加工中心。

4. 毛坯选用

该叶轮材料为 7075，为航空铝合金，可加工性较好。根据零件尺寸和机床性能，并考虑零件装夹要求，选用 ϕ100mm×40mm 的棒料作为毛坯，如图 3-3-2 所示。

5. 装夹方式选用

零件分 3 次装夹，其中 2 次为车削加工，1 次为五轴联动铣削加工。首先在数控车床上选用自定心卡盘夹持毛坯，车削右端面，钻孔，车右端外圆，如图 3-3-3 所示；然后在数控车床上选用自定心卡盘和软卡爪夹持已经车削完成的外圆，车左端面，精镗内孔，车左端外圆，如图 3-3-4 所示；最后在五轴加工中心上使用专用夹具装夹，铣削叶轮，如图 3-3-5 所示。

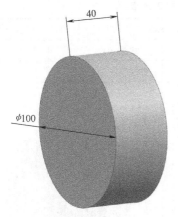

图 3-3-2　毛坯

图 3-3-3　车右端面及外圆装夹

图 3-3-4　车左端面及外圆装夹

图 3-3-5　铣叶片装夹

6. 制定工艺卡

以 1 次装夹作为 1 道工序，制定叶轮加工工艺卡，见表 3-3-3~表 3-3-6。

表 3-3-3　工序清单

零件号:37781065-0		工艺版本号:0	工艺流程卡-工序清单		
工序号	工序内容	工位	页码:1		页数:4
001	备料(70751,φ100mm×40mm)	采购	零件号:37781065		版本:0
002	车端面及外圆	数控车床	零件名称:叶轮		
003	车内孔及包覆面	数控车床	材料:7075		
004	铣叶轮	五轴联动加工中心	材料尺寸:φ100mm×40mm		
005			更改号	更改内容	批准	日期
006						
007			01			
008						

拟制:	日期:	审核:	日期:	批准:	日期:	

表 3-3-4　车右端外圆及端面工艺卡

零件号:37781065-0		工序名称:车右端外圆及端面		工艺流程卡-工序单	
材料:7075	页码:2		工序号:02		版本号:0
夹具:自定心卡盘	工位:数控车床		数控程序号:00001.NC		

刀具及参数设置					
刀具号	刀具	加工内容	主轴转速	进给速度 /(mm/r)	
T01	外圆粗车刀-R	粗车右端外圆及端面	S1200	0.15	
T03	外圆精车刀-R	精车右端外圆	S1500	0.11	
T06	钻头 D11	钻孔	S800	0.1	

锐边加 0.3mm 倒角

02			
01			
更改号	更改内容	批准	日期
拟制:	日期:	审核:	日期:	批准:	日期:

表 3-3-5　车左端外圆及端面工艺卡

零件号:37781065-0		工序名称:车左端外圆及端面		工艺流程卡-工序单	
材料:7075	页码:3		工序号:03		版本号:0
夹具:自定心卡盘+软卡爪	工位:数控车床		数控程序号:00002.NC		

刀具及参数设置					
刀具号	刀具	加工内容	主轴转速	进给速度 /(mm/r)	
T02	外圆粗车刀-L	粗车左端外圆及端面	S1200	0.15	
T04	外圆精车刀-L	精车左端外圆	S1500	0.15	
T05	精镗内孔刀-L	精镗内孔	S1350	0.1	

所有尺寸参阅零件图,锐边加 0.3mm 倒角

02			
01			
更改号	更改内容	批准	日期
拟制:	日期:	审核:	日期:	批准:	日期:

表 3-3-6　铣叶轮工艺卡

零件号:37781065-0			工序名称:铣叶轮		工艺流程卡-工序单	
材料:7075		页码:4		工序号:04		版本号:0
夹具:专用夹具		工位:五轴加工中心		数控程序号:00003.NC		
刀具及参数设置						
刀具号	刀具规格	加工内容		主轴转速	进给速度	
T01	R2.5A5 锥度球头刀	叶片粗加工		S10000	F4000	
T01	R2.5A5 锥度球头刀	叶片半精加工		S3000	F300	
T02	R1.8A4 锥度球头刀	流道面精加工		S10000	F2800	
T02	R1.8A4 锥度球头刀	叶片精加工		S3000	F280	
02						
01						
更改号	更改内容		批准	日期		
拟制:	日期:	审核:	日期:	批准:	日期:	

二、编制加工程序

（一）车削加工准备

1）启动 NX 软件，打开叶轮模型文件。

2）进入加工模块。单击【应用模块】→【加工】按钮，弹出【加工环境】对话框，设置【CAM 会话配置】为【cam_general】，【要创建的 CAM 组装】为【turning】，如图 3-3-6 所示，单击【确定】按钮，进入加工模块。

3）创建程序组。单击【主页】→【创建程序】按钮，创建【车削】【铣削】【右端加工】【左端加工】程序组，如图 3-3-7a 所示。

4）创建坐标系及几何体。在【工序导航器】空白处右击，选择【几何视图】命令，创建图 3-3-7b 所示坐标系及几何体。

5）设置右端车床工作平面。双击【工序导航器】中的【MCS_SPINDLE_R】节点，弹出【MCS 主轴】对话框，设置【车床工作平面】中的【指定平面】为"ZM-XM"，如图 3-3-8 所示。

6）设置右端加工坐标系。单击【指定 MCS】中的【坐标系】按钮，弹出【坐标系】对话框。设置【参考坐标系】中的【参考】为【选定坐标系】，选择 71 图层中的参考坐标系，如图 3-3-9 所示。单击【确定】按钮，使加工坐标系与参考坐标系重合。再单击【确定】按钮，完成加工坐标系设置。

图 3-3-6　【加工环境】设置

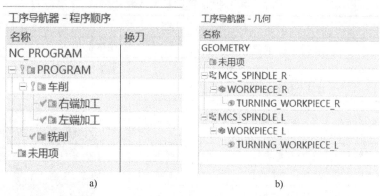

图 3-3-7 创建程序组、坐标系及几何体

图 3-3-8 设置右端车床工作平面

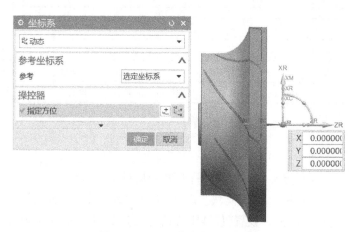

图 3-3-9 设置右端加工坐标系

7）设置右端加工几何体。双击【工序导航器】中的【WORKPIECE_R】节点，弹出【工件】对话框，如图 3-3-10 所示。

8）设置右端部件几何体。单击【选择或编辑部件几何体】按钮，弹出【部件几何体】对话框，选择图 3-3-11 所示模型为部件（模型在图层 2 中），单击【确定】按钮，完成指定部件。

图 3-3-10 设置右端加工几何体

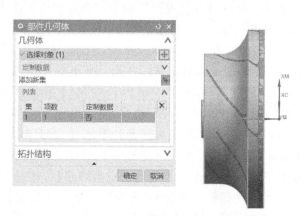

图 3-3-11 设置右端部件几何体

9）设置右端毛坯几何体。单击【选择或编辑毛坯几何体】按钮，弹出【毛坯几何体】对话框，选择图 3-3-12 所示圆柱体为毛坯（模型在图层 4 中）。单击【确定】按钮，完成毛坯选择，再单击【确定】按钮，完成右端加工毛坯几何体设置。

10）查看右端加工截面。双击【工序导航器】中的【TURNING_WORKPIECE_R】节点，自动生成车削加工截面和毛坯界面，如图 3-3-13 所示。

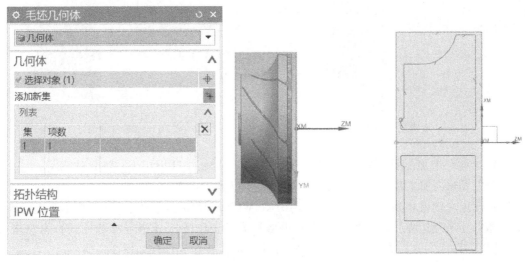

图 3-3-12 设置右端毛坯几何体

图 3-3-13 查看右端加工截面

11）设置左端车床工作平面。双击【工序导航器】中的【MCS_SPINDLE_L】节点，弹出【MCS 主轴】对话框，设置【车床工作平面】中的【指定平面】为【ZM-XM】。

12）设置左端加工坐标系。单击【机床坐标系】中的【坐标系】按钮，弹出【坐标系】对话框，设置【参考坐标系】中的【参考】为【选定坐标系】，选择 72 图层中的参考坐标系，如图 3-3-14 所示，单击【确定】按钮，使加工坐标系与参考坐标系重合。再单击【确定】按钮，完成加工坐标系设置。

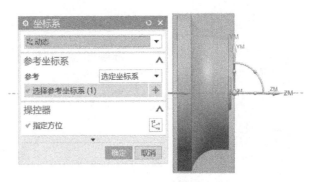

图 3-3-14 设置左端加工坐标系

13）设置左端加工几何体。双击【工序导航器】中的【WORKPIECE_L】节点，弹出【工件】对话框。

14）设置左端部件几何体。单击【选择或编辑部件几何体】按钮，弹出【部件几何体】对话框，选择图 3-3-15 所示模型为部件（模型在图层 2 中），单击【确定】按钮，完成指定部件。

15）设置左端毛坯几何体。单击【选择或编辑毛坯几何体】按钮，弹出【毛坯几何体】对话框，选择图 3-3-16 所示圆柱体为毛坯（模型在图层 4 中）。单击【确定】按钮，完成毛坯选择，单击【确定】按钮，完成左端毛坯几何体设置。

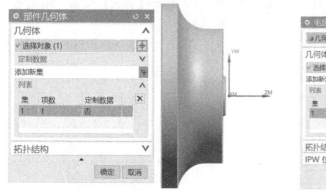

图 3-3-15　设置左端部件几何体

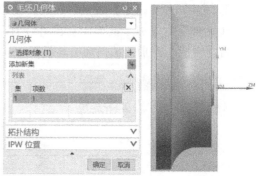

图 3-3-16　设置左端毛坯几何体

16）查看左端加工截面。双击【工序导航器】中的【TURNING_WORKPIECE_L】节点，自动生成车削加工截面和毛坯界面，如图 3-3-17 所示。

17）设置左端毛坯边界。双击【TURNING_WORKPIECE_L】节点，单击【毛坯边界】按钮，弹出【毛坯边界】对话框，设置【类型】为【工作区】，【指定参考位置】为左端面中心，【指定目标位置】为右端面中心，单击【确定】按钮，结果如图 3-3-18 所示。

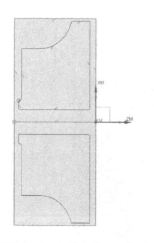

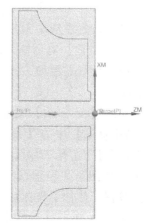

图 3-3-17　查看左端加工截面

图 3-3-18　设置左端毛坯边界

18）创建刀具。在【工序导航器】空白处右击，选择【机床视图】→【主页】→【创建刀具】命令，弹出【创建刀具】对话框，设置【类型】为【turning】，【刀具子类型】为【OD_80_L】，【刀具】为【GENERIC_MACHINE】，【名称】为【外圆粗车刀-R】，如图 3-3-19 所示。单击【确定】按钮，弹出【车刀-标准】对话框，设置【刀尖半径】为【0.8】，【方向角度】为【5】，【长度】为【15】，【刀具号】为【1】，取消勾选【使用车刀夹持器】，设置刀具参数如图 3-3-20 所示。单击【确定】按钮，完成刀具 1 的创建。

19）用同样的方法创建其他刀具，参数见表 3-3-7。

图 3-3-19 创建刀具 1

图 3-3-20 刀具 1 参数设置

表 3-3-7 刀具列表

刀具号	刀具名称	刀具类型	刀具子类型	刀尖半径 /mm	方向角度 /(°)	刀片长度 /mm	直径 /mm	刀尖角度 /(°)	刀刃长度 /mm
2	外圆粗车刀-L	turning	OD_80_R	0.8	95	15			
3	外圆精车刀-R	turning	OD_55_L	0.2	17.5	15			
4	外圆精车刀-L	turning	OD_55_R	0.2	107.5	15			
5	精镗内孔刀-L	turning	ID_55_L	0.2	287.5	3			
6	钻头 D11	hole_making	STD_DRILL				11	118	50

（二）车右端面

1）在【工序导航器】空白处右击，选择【程序顺序视图】→【主页】→【创建工序】按钮，弹出【创建工序】对话框，设置【类型】为【turning】，【工序子类型】为【面加工】，【程序】为【右端加工】，【刀具】为【外圆粗车刀-R】，【几何体】为【TURNING_WORKPIECE_R】，【方法】为【METHOD】，【名称】为【车右端面】，如图 3-3-21 所示。单击【确定】按钮，弹出【面加工-【车右端面】】对话框，如图 3-3-22 所示。

2）设置切削区域和刀轨。单击【几何体】中【切削区域】右侧的【编辑】按钮，弹出【切削区域】对话框，设置【轴向修剪平面 1】的【限制选项】为【点】，单击加工平面右上角点用以轴向限制，如图 3-3-23 所示。在【刀轨设置】选项组中，设置【切削深度】为【变量平均值】，【最大值】为【1mm】。

3）设置【进给率和速度】。打开【进给率和速度】对话框，设置【主轴速度】的【输出模式】为【RPM】，勾选【主轴速度】，值设置为【1200】；在【进给率】选项组中设置【切削】为【0.15mmpr】，如图 3-3-24 所示。

图 3-3-21　创建车右端面工序

图 3-3-22　车右端面工序参数设置

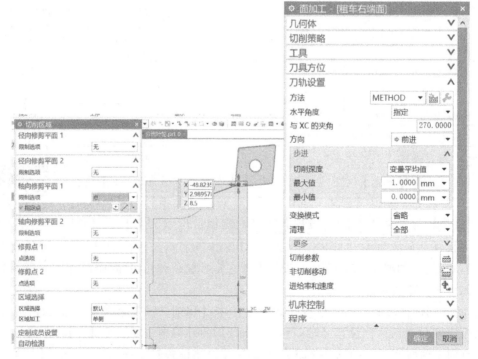

图 3-3-23　切削区域和刀轨设置

4）设置【进刀】。打开【非切削移动】对话框，选择【进刀】选项卡，在【轮廓加工】选项组中设置【进刀类型】为【线性-自动】,【延伸距离】为【2】,如图 3-3-25 所示。

图 3-3-24　设置【进给率和速度】　　　图 3-3-25　设置【进刀】

5) 设置【退刀】。选择【退刀】选项卡,在【轮廓加工】选项组中设置【退刀类型】为【线性-自动】,【延伸距离】为【2】,如图 3-3-26 所示。

6) 设置【逼近】。选择【逼近】选项卡,在【出发点】选项组中设置【点选项】为【指定】,设置点坐标为 (100, 0, -100),如图 3-3-27 所示。

7) 设置【离开】。选择【离开】选项卡,在【离开刀轨】选项组中设置【刀轨选项】为【点】,【运动到离开点】为【直接】,指定点坐标为 (100, 0, -100),如图 3-3-28 所示。

8) 设置【余量】。单击【切削参数】按钮,选择【余量】选项卡,设置【粗加工余量】中的【恒定】为【0.2】,如图 3-3-29 所示。

9) 生成刀轨。单击【生成】按钮,得到车右端面刀轨,如图 3-3-30 所示。

图 3-3-26　设置【退刀】

(三) 钻孔

1) 单击【主页】→【创建工序】按钮,弹出【创建工序】对话框,设置【类型】为【hole_making】,【工序子类型】为【钻孔】,【程序】为【右端加工】,【刀具】为【钻头 D11】,【几何体】为【WORKPIECE_R】,【方法】为【METHOD】,【名称】为【钻孔】,如图 3-3-31 所示,单击【确定】按钮,弹出【钻孔-【钻孔】】对话框,如图 3-3-32 所示。

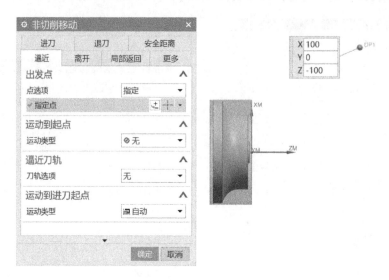

图 3-3-27　设置【逼近】

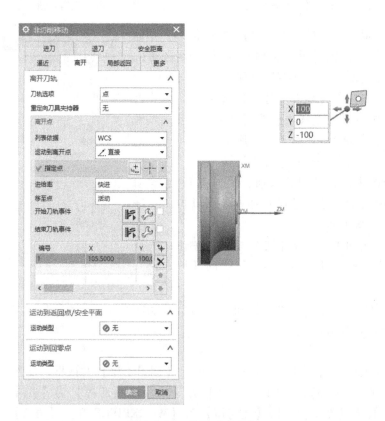

图 3-3-28　设置【离开】

图 3-3-29　设置【余量】

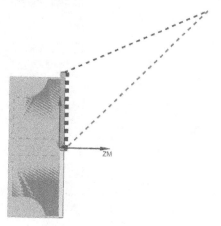

图 3-3-30　车右端面刀轨

图 3-3-31　创建钻孔工序

图 3-3-32　钻孔工序参数设置

2）设置孔加工几何体。单击【指定特征几何体】右侧的【选择或编辑特征几何体】按钮，选择孔特征，如图 3-3-33 所示，单击【确定】按钮。

3）设置进给率和速度。打开【进给率和速度】对话框，设置【主轴速度（rpm）】为【800】，【切削】为【0.1mmpr】，如图 3-3-34 所示。

4）生成刀轨。单击【生成】按钮，得到钻孔的刀轨，如图 3-3-35 所示。

（四）粗车右端外圆

1）单击【主页】→【创建工序】按钮，弹出【创建工序】对话框，设置【类型】为【turning】，【工序子类型】为【外径粗车】，【程序】为【右端加工】，【刀具】为【外圆粗车刀-R】，【几何体】为【TURNING_WORKPIECE_R】，【方法】为【METHOD】，【名称】为【粗车右端外圆】，如图 3-3-36 所示。单击【确定】按钮，弹出【外径粗车-【粗车右端外圆】】对话框，如图 3-3-37 所示。

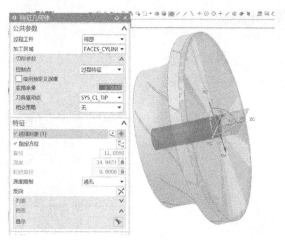

图 3-3-33 设置【特征几何体】

图 3-3-34 设置【进给率和速度】

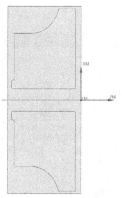

图 3-3-35 钻孔刀轨

图 3-3-36 创建粗车右端外圆工序

图 3-3-37 粗车右端外圆工序参数设置

2）设置切削区域和刀轨。在【几何体】中单击【切削区域】按钮，在【轴向修剪平面1】中设置【限制选项】为【点】，单击图3-3-38所示的点（50，0，25）用以轴向限制。在【径向修剪平面1】中设置【限制选项】为【点】，单击右上角的点用以径向限制，如图3-3-39所示，在【刀轨设置】中设置【最大值】为【1】。

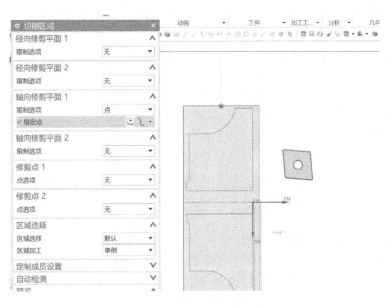

图 3-3-38 轴向修剪平面1设置

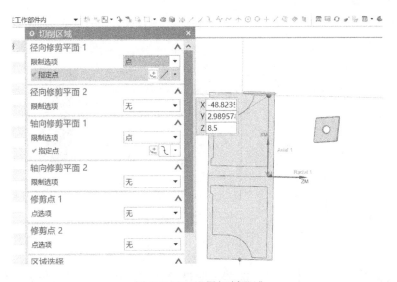

图 3-3-39 设置切削区域

3）设置【进给率和速度】。打开【进给率和速度】对话框，设置【主轴速度（rpm）】为【1200】，【切削】为【0.15mmpr】，如图3-3-40所示。

4）设置【进刀】。打开【非切削移动】对话框，选择【进刀】选项卡，设置【轮廓加工】中的【进刀类型】为【线性-自动】,【延伸距离】为【2】,如图 3-3-41 所示。

图 3-3-40　设置【进给率和速度】

图 3-3-41　设置【进刀】

5）设置【退刀】。选择【退刀】选项卡,设置【轮廓加工】中的【退刀类型】为【线性-自动】,【延伸距离】为【2】,如图 3-3-42 所示。

6）设置【逼近】。选择【逼近】选项卡,设置【出发点】中的【点选项】为【指定】,点坐标为（100,0,-100）,如图 3-3-43 所示。

图 3-3-42　设置【退刀】

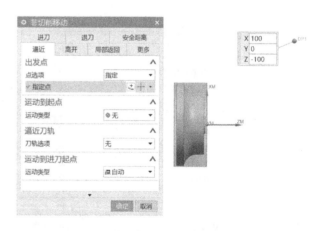

图 3-3-43　设置【逼近】

7）设置【离开】。选择【离开】选项卡,设置【刀轨选项】为【点】,【运动到离开点】为【直接】,指定点坐标为（100,0,-100）,如图 3-3-44 所示。

8）设置【余量】。打开【切削参数】对话框,选择【余量】选项卡,设置【粗加工余量】中的【恒定】为【0.2】,如图 3-3-45 所示。

9）生成刀轨。单击【生成】按钮,得到粗车右端外圆的刀轨,如图 3-3-46 所示。

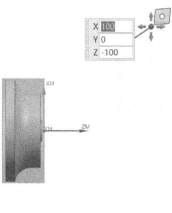

图 3-3-44　设置【离开】

图 3-3-45　设置【余量】

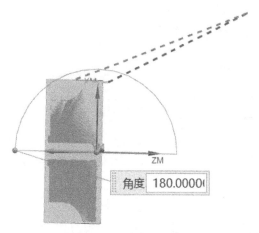

图 3-3-46　粗车右端外圆刀轨

（五）精车右端外圆

1）单击【主页】→【创建工序】按钮，弹出【创建工序】对话框，设置
【类型】为【turning】，【工序子类型】为【外径精车】，【程序】为【右端加
工】，【刀具】为【外圆精车刀-R】，【几何体】为【TURNING_WORKPIECE_

R】，【方法】为【METHOD】，【名称】为【精车右端】，如图 3-3-47 所示。单击【确定】按钮，弹出【外径精车-【精车右端】】对话框，如图 3-3-48 所示。

图 3-3-47 创建精车右端外圆工序

图 3-3-48 精车右端外圆工序参数设置

2）设置切削区域和刀轨。在【几何体】中单击【切削区域】，设置【轴向修剪平面 1】中的【限制选项】为【点】，单击图 3-3-38 所示的点（50，0，25）用以轴向限制。返回【外径精车-【精车右端】】对话框，勾选【刀轨设置】中的【省略变换区】，如图 3-3-49 所示。

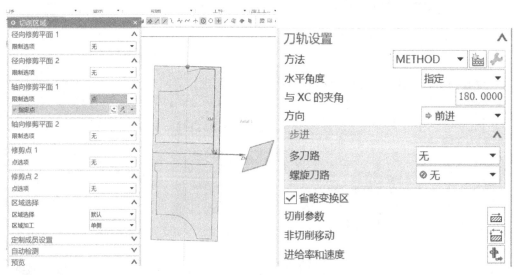

图 3-3-49 轴向修剪平面 1 设置

3）设置【进给率和速度】。打开【进给率和速度】对话框，设置【主轴速度（rpm）】为【1500】，【切削】为【0.1mmpr】，如图 3-3-50 所示。

4）设置【进刀】。打开【非切削移动】对话框，选择【进刀】选项卡，设置【轮廓加工】中的【进刀类型】为【线性-自动】，【延伸距离】为【2】，如图3-3-51所示。

图 3-3-50 设置【进给率和速度】

图 3-3-51 设置【进刀】

5）设置【退刀】。选择【退刀】选项卡，设置【轮廓加工】中的【退刀类型】为【线性-自动】，【延伸距离】为【2】，如图3-3-52所示。

6）设置【逼近】。选择【逼近】选项卡，设置【出发点】中的【点选项】为【指定】，点坐标为（100，0，-100），如图3-3-53所示。

图 3-3-52 设置【退刀】

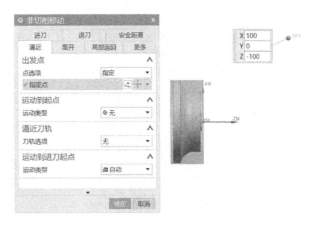

图 3-3-53 设置【逼近】

7）设置【离开】。选择【离开】选项卡，设置【刀轨选项】为【点】，【运动到离开点】为【直接】，指定点坐标为（100，0，-100），如图3-3-54所示。

8）设置【余量】。打开【切削参数】对话框，选择【余量】选项卡，设置【精加工余量】中的【恒定】为【0】，如图3-3-55所示。

9）生成刀轨。单击【生成】按钮，得到精车右端外圆刀轨，如图3-3-56所示。

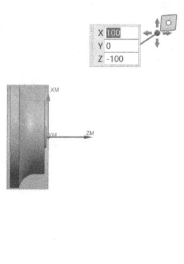

图 3-3-54　设置【离开】

图 3-3-55　设置【余量】

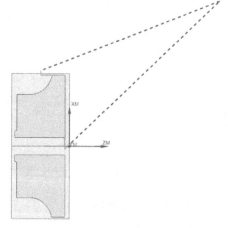

图 3-3-56　精车右端外圆刀轨

（六）车左端面

1）单击【主页】→【创建工序】按钮，弹出【创建工序】对话框，设置
【类型】为【turning】，【工序子类型】为【面加工】，【程序】为【左端加
工】，【刀具】为【外圆粗车刀-L】，【几何体】为【TURNING_WORKPIECE_
L】，【方法】为【METHOD】，【名称】为【车左端面】，如图 3-3-57 所示。单击【确定】
按钮，弹出【面加工-【车左端面】】对话框，如图 3-3-58 所示。

图 3-3-57 创建车左端面工序

图 3-3-58 车左端面工序参数设置

2）设置切削区域和刀轨。在【几何体】中单击【切削区域】按钮，设置【轴向修剪平面 1】中的【限制选项】为【点】，单击右上角点用以轴向限制，如图 3-3-59 所示。返回【面加工-【车左端面】】对话框，在【刀轨设置】中设置【步进】中的【最大值】为【1】。

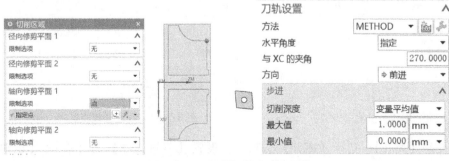

图 3-3-59 设置切削区域和刀轨

3）设置【进给率和速度】。打开【进给率和速度】对话框，设置【主轴速度】中的【输出模式】为【RPM】，勾选【主轴速度】，设置值为【1200】，【切削】为【0.15mmpr】，如图 3-3-60 所示。

4）设置【进刀】。打开【非切削移动】对话框，选择【进刀】选项卡，设置【轮廓加工】中的【进刀类型】为【线性-自动】，【延伸距离】为【2】，如图 3-3-61 所示。

5）设置【退刀】。选择【退刀】选项卡，设置【轮廓加工】中的【退刀类型】为【线性-自动】，【延伸距离】为【2】，如图 3-3-62 所示。

6）设置【逼近】。选择【逼近】选项卡，设置【出发点】中的【点选项】为【指定】，点坐标为（100，0，-150），如图 3-3-63 所示。

图 3-3-60 设置【进给率和速度】

图 3-3-61 设置【进刀】

图 3-3-62 设置【退刀】

图 3-3-63 设置【逼近】

7）设置【离开】。选择【离开】选项卡，设置【刀轨选项】为【点】，【运动到离开点】为【直接】，指定点坐标为（100，0，150），如图 3-3-64 所示。

8）设置【余量】。打开【切削参数】对话框，选择【余量】选项卡，设置【粗加工余量】中的【恒定】为【0.2】，如图 3-3-65 所示。

9）生成刀轨。单击【生成】按钮，得到车左端面刀轨，如图 3-3-66 所示。

（七）粗车左端外圆

1）单击【主页】→【创建工序】按钮，弹出【创建工序】对话框，设置【类型】为【turning】，【工序子类型】为【外径粗车】，【程序】为【左端加工】，【刀具】为【外圆粗车刀-L】，【几何体】为【TURNING_WORKPIECE_L】，【方法】为【METHOD】，【名称】为【粗车左端外圆】，如图 3-3-67 所示。单击【确定】按钮，弹出【外径粗车【粗车左端外圆】】对话框，如图 3-3-68 所示。

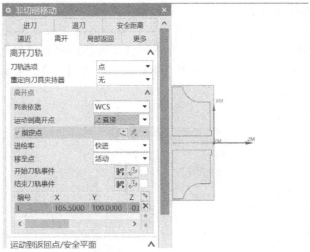

图 3-3-64 设置【离开】

图 3-3-65 设置【余量】

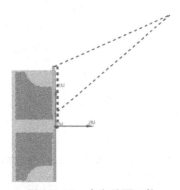

图 3-3-66 车左端面刀轨

图 3-3-67 创建粗车左端外圆工序

图 3-3-68 粗车左端外圆工序参数设置

2）设置刀轨和切削区域。在【刀轨设置】中设置【与 XC 的夹角】为【180】，【最大值】为【1mm】，如图 3-3-69 所示。在【几何体】中单击【切削区域】按钮，设置【轴向修剪平面 1】中的【限制选项】为【点】，单击圆弧和外径的交点用以进行轴向限制，如图 3-3-70 所示；设置【径向修剪平面 1】中的【限制选项】为【点】，单击图 3-3-71 所示的交点用以进行径向限制，如图 3-3-71 所示。

图 3-3-69　设置刀轨和切削区域

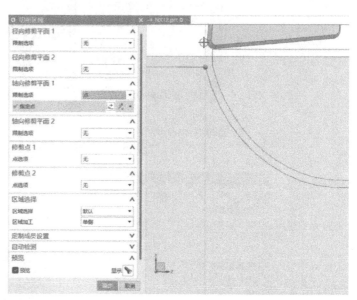

图 3-3-70　轴向修剪平面 1

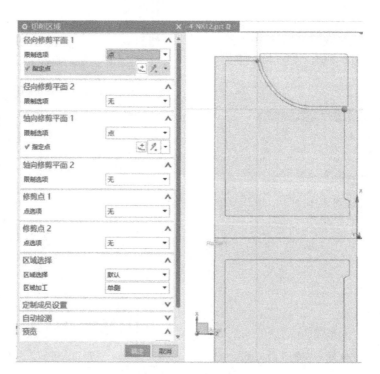

图 3-3-71　径向修剪平面 1

3）设置【进给率和速度】。打开【进给率和速度】对话框，设置【主轴速度】中的【输出模式】为【RPM】，勾选【主轴速度】，设置值为【1200】，在【进给率】中设置【切削】为【0.15mmpr】，如图 3-3-72 所示。

4）设置【进刀】。打开【非切削移动】对话框，选择【进刀】选项卡，在【轮廓加工】中设置【进刀类型】为【线性-自动】，【延伸距离】为【2】，如图 3-3-73 所示。

图 3-3-72 设置【进给率和速度】

图 3-3-73 设置【进刀】

5）设置【退刀】。选择【退刀】选项卡，在【轮廓加工】中设置【退刀类型】为【线性-自动】，【延伸距离】为【2】，如图 3-3-74 所示。

6）设置【逼近】。选择【逼近】选项卡，在【出发点】中设置【点选项】为【指定】，设置点坐标为（100，0，150），如图 3-3-75 所示。

图 3-3-74 设置【退刀】

图 3-3-75 设置【逼近】

7）设置【离开】。选择【离开】选项卡，在【离开刀轨】中设置【刀轨选项】为【点】，【运动到离开点】为【直接】，设置点坐标为（100，0，150），如图 3-3-76 所示。

8）设置【余量】。打开【切削参数】对话框，选择【余量】选项卡，在【粗加工余

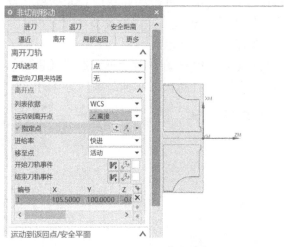

图 3-3-76　设置【离开】

量】中设置【恒定】为【0.2】，如图 3-3-77 所示。

9）生成刀轨。单击【生成】按钮，得到粗车左端外圆刀轨，如图 3-3-78 所示。

图 3-3-77　设置【余量】

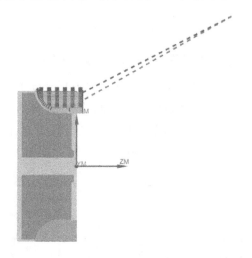

图 3-3-78　粗车左端外圆刀轨

（八）精车左端外圆

1）单击【主页】→【创建工序】按钮，弹出【创建工序】对话框，设置【类型】为【turning】，【工序子类型】为【外径精车】，【程序】为【左端加工】，【刀具】为【外圆精车刀-L】，【几何体】为【TURNING_WORKPIECE_L】，【方法】为【METHOD】，【名称】为【精车左端】，如图 3-3-79 所示。单击【确定】按钮，弹出【外径精车-【精车左端】】对话框，如图 3-3-80 所示。

2）设置切削区域和刀轨。在【刀轨设置】中设置【与 XC 的夹角】为【180】，如图 3-3-80 所示。在【几何体】中单击【切削区域】右侧的【编辑】按钮，设置【轴向修剪平面 1】中的【限制选项】为【点】，单击圆弧和外径的交点用以进行轴向限制，如图 3-3-81 所示。

图 3-3-79　创建精车左端外圆工序

图 3-3-80　精车左端外圆工序参数设置

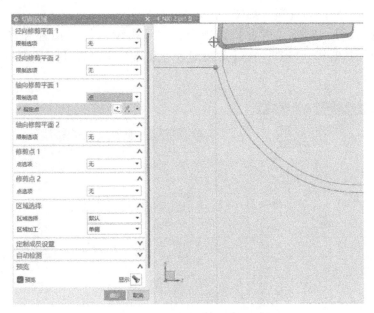

图 3-3-81　设置切削区域和刀轨

3）设置进给率和速度。打开【进给率和速度】对话框，设置【主轴速度】中的【输出模式】为【RPM】，勾选【主轴速度】，设置值为【1500】，在【进给率】中设置【切削】为【0.15mmpr】，如图 3-3-82 所示。

4）设置【进刀】。打开【非切削移动】对话框，选择【进刀】选项卡，在【轮廓加工】中设置【进刀类型】为【线性-自动】，【延伸距离】为【2】，如图 3-3-83 所示。

图 3-3-82 设置【进给率和速度】

图 3-3-83 设置【进刀】

5）设置【退刀】。选择【退刀】选项卡，在【轮廓加工】中设置【退刀类型】为【线性-自动】，【延伸距离】为【2】，如图 3-3-84 所示。

6）设置【逼近】。选择【逼近】选项卡，在【出发点】中设置【点选项】为【指定】，点坐标为（100，0，150）；在【运动到进刀起点】中设置【运动类型】为【直接】，如图 3-3-85 所示。

图 3-3-84 设置【退刀】

图 3-3-85 设置【逼近】

7）设置【离开】。选择【离开】选项卡，在【离开点】中设置【运动到离开点】为【直接】，【刀轨选项】为【点】，点坐标为（100，0，150），如图 3-3-86 所示。

8）设置【余量】。打开【切削参数】对话框，选择【余量】选项卡，在【精加工余量】中设置【恒定】为【0】，如图 3-3-87 所示。

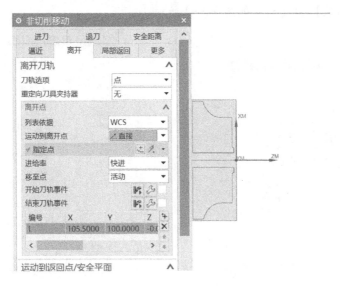

图 3-3-86　设置【离开】

9）生成刀轨。单击【生成】按钮，得到精车左端外圆的刀轨，如图 3-3-88 所示。

图 3-3-87　设置【余量】

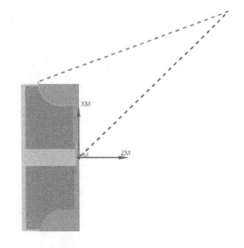

图 3-3-88　精车左端外圆刀轨

（九）精镗左端内孔

1）单击【主页】→【创建工序】按钮，弹出【创建工序】对话框，设置【类型】为【turning】，【工序子类型】为【内径精镗】，【程序】为【左端加工】，【刀具】为【精镗内孔刀-L】，【几何体】为【TURNING_WORKPIECE_R】，【方法】为【METHOD】，【名称】为【精镗内孔】，如图 3-3-89 所示。单击【确定】按钮，弹出【内径精镗-【精镗内孔】】对话框，如图 3-3-90 所示。

2）在【几何体】中单击【切削区域】右侧的【编辑】按钮，设置【径向修剪平面1】中的【限制选项】为【点】，单击图 3-3-91 所示的点用以径向限制；在【切削策略】中设置【策略】为【仅周面】；在【刀轨设置】中设置【与 XC 的夹角】为【0】，【多刀路】为

【刀路数】，【刀路数】为【3】，如图 3-3-92 所示。

图 3-3-89 创建精镗左端内孔工序

图 3-3-90 精镗左端内孔工序参数设置

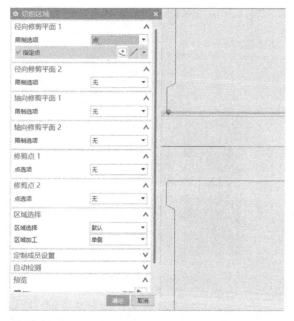

图 3-3-91 径向修剪平面 1 设置

图 3-3-92 设置切削策略与刀轨

3）设置【进给率和速度】。打开【进给率和速度】对话框，在【主轴速度】中设置【输出模式】为【RPM】，勾选【主轴速度】，输入值为【1350】；在【进给率】中设置【切削】为【0.1mmpr】。

4）设置【进刀】。打开【非切削移动】对话框，选择【进刀】选项卡，在【轮廓加工】中设置【进刀类型】为【线性-自动】，【延伸距离】为【2】，如图 3-3-93 所示。

5）设置【退刀】。选择【退刀】选项卡，在【轮廓加工】中设置【退刀类型】为【线性-自动】，【延伸距离】为【2】，如图 3-3-94 所示。

图 3-3-93 设置【进刀】

图 3-3-94 设置【退刀】

6）设置【逼近】。选择【逼近】选项卡，在【出发点】中设置【点选项】为【指定】，点坐标为（100，0，-100），在【运动到进刀起点】中设置【运动类型】为"径向→轴向"，如图 3-3-95 所示。

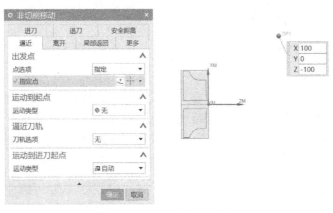

图 3-3-95 设置【逼近】

7）设置【离开】。选择【离开】选项卡，设置【运动到回零点】中的【运动类型】为【轴向→径向】，【点选项】为【点】，点坐标为（100，0，-100），如图 3-3-96 所示。

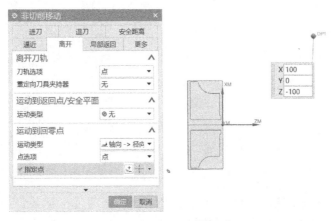

图 3-3-96 设置【离开】

8) 设置【余量】。打开【切削参数】对话框，选择【余量】选项卡，在【精加工余量】中设置【恒定】为【0】，如图 3-3-97 所示。

9) 生成刀轨。单击【生成】按钮，得到精镗左端内孔的刀轨，如图 3-3-98 所示。

图 3-3-97　设置【余量】

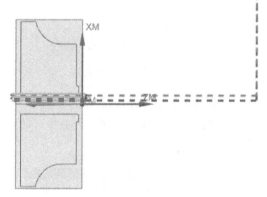

图 3-3-98　精镗左端内孔刀轨

（十）铣削加工准备

1) 创建叶轮加工几何体组。单击【主页】→【创建几何体】按钮，设置【类型】为【mill_multi_blade】，【几何体子类型】为【MCS】，【名称】为【MCS_mill】，如图 3-3-99 所示。单击【确定】按钮，弹出【MCS】对话框，如图 3-3-100 所示。

图 3-3-99　创建几何体

图 3-3-100　【MCS】对话框

2) 设置坐标系和安全选项。单击【指定 MCS】右侧的【坐标系】按钮，弹出【坐标系】对话框，设置【类型】为【自动判断】，选择毛坯上表面（毛坯模型在图层 2 中）。单击【确定】按钮，返回【MCS】对话框，在【安全设置】中设置【安全设置选项】为【包容圆柱体】，【安全距离】为【10】，如图 3-3-101 所示，单击【确定】按钮。

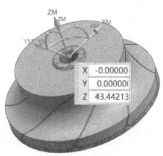

图 3-3-101　设置 MCS 坐标系

3）设置加工几何体。双击【工序导航器】中【MCS_MILL】节点下的【WORKPIECE】，弹出【工件】对话框，如图 3-3-102 所示。

4）设置【部件几何体】。单击【选择或编辑部件几何体】按钮，弹出【部件几何体】对话框，选择图 3-3-103 所示几何体为部件（模型在图层 1 中），单击【确定】按钮，完成指定部件几何体。

5）设置【毛坯几何体】。单击【选择或编辑毛坯几何体】按钮，弹出【毛坯几何体】对话框，选择图 3-3-104 所示几何体为毛坯（模型在图层 2 中）。单击【确定】按钮，完成指定毛坯几何体。

图 3-3-102　设置加工几何体

6）设置【检查几何体】。单击【选择或编辑检查几何体】按钮，弹出【检查几何体】对话框，选择图 3-3-105 所示几何体为检查几何体（模型在图层 5 中）。单击【确定】按钮，完成检查几何体设置。

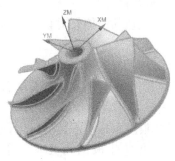

图 3-3-103　设置【部件几何体】

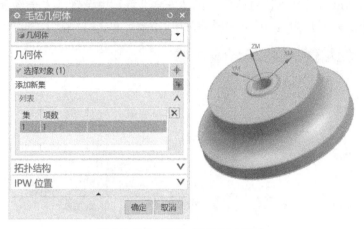

图 3-3-104　设置【毛坯几何体】

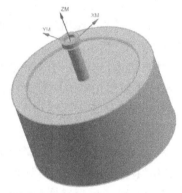

图 3-3-105　设置【检查几何体】

7）设置【多叶片几何体】。双击【工序导航器】中【MCS_MILL】节点下的【MULTI_BLADE_GEOM】，弹出【多叶片几何体】对话框，如图 3-3-106 所示。

8）设置【轮毂几何体】。单击【选择或编辑轮毂几何体】按钮，弹出【轮毂几何体】对话框，选择图 3-3-107 所示的面作为轮毂几何体，单击【确定】按钮。

9）设置【包覆几何体】。单击【选择或编辑包覆几何体】按钮，弹出【包覆几何体】对话框，选择图 3-3-108 所示的面作为包覆几何体，单击【确定】按钮。

10）设置【叶片几何体】。单击【选择或编辑叶片几何体】，弹出【叶片几何体】对话框，选择图 3-3-109 所示的面作为叶片几何体，单击【确定】按钮。

11）设置【叶根圆角几何体】。单击【选择或编辑叶根圆角几何体】，弹出【叶根圆角几何体】对话框，选择图 3-3-110 所示的面作为叶根圆角几何体，单击【确定】按钮。

图 3-3-106　【多叶片几何体】对话框

图 3-3-107　指定【轮毂几何体】

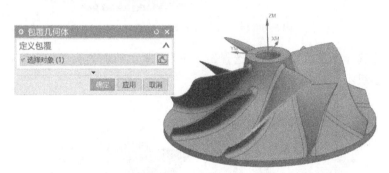

图 3-3-108　指定【包覆几何体】

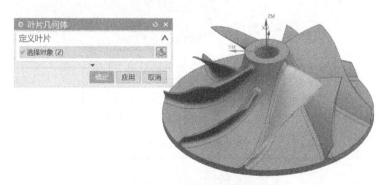

图 3-3-109　指定【叶片几何体】

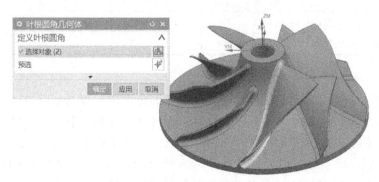

图 3-3-110　指定【叶根圆角几何体】

12）设置【分流叶片几何体】。单击【选择或编辑分流叶片几何体】按钮，弹出【分流叶片几何体】对话框，单击【选择壁面】按钮，选择图 3-3-111 所示的面作为分流叶片壁面几何体。

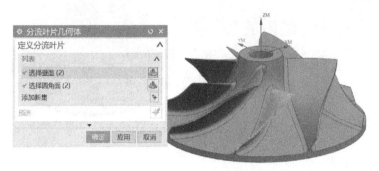

图 3-3-111　指定分流叶片壁面几何体

13）单击【选择圆角面】按钮，选择图 3-3-112 所示的面作为分流叶片圆角面几何体，单击【确定】按钮。

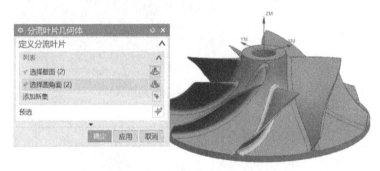

图 3-3-112　指定分流叶片圆角面几何体

14）返回【多叶片几何体】对话框，设置【叶片总数】为【4】，单击【确定】按钮。

15）创建刀具。创建两把球头铣刀，具体参数见表 3-3-8。

表 3-3-8　刀具列表

刀号	刀具名称	刀具类型	刀具子类型	球直径/mm	锥角/(°)	长度/mm	刀刃长度/mm	刀柄直径/mm	刀柄长度/mm	锥柄长度/mm
1	R2.5A5	mill_multi_blade	BALL_MILL	2.5	5	40	40	12	42	5
2	R1.8A4	mill_multi_blade	BALL_MILL	1.8	4	35	35	10	47	5

（十一）叶片粗加工

1）单击【主页】→【创建工序】按钮，弹出【创建工序】对话框，设置【类型】为【mill_multi_blade】，【工序子类型】为【多叶片粗铣】，【程序】为【铣削】，【刀具】为【R2.5A5】，【几何体】为【MULTI_BLADE_GEOM】，【方法】为【METHOD】，【名称】为【叶轮粗加工】，如图 3-3-113 所示。单击【确定】按钮，弹出【多叶片粗铣-叶轮粗加工】对话框，如图 3-3-114 所示。

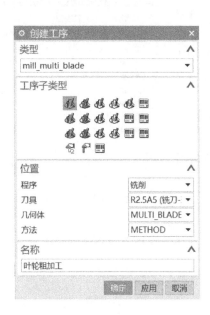

图 3-3-113　创建叶轮粗加工工序

图 3-3-114　叶轮粗加工工序参数设置

2）设置切削层和驱动方法。在【刀轨设置】中单击【切削层】按钮，设置【深度模式】为【从包覆插补至轮毂】，【每刀切削深度】为【恒定】，【距离】为【30%刀具】，单击【确定】按钮，返回【多叶片粗铣-【叶轮粗加工】】对话框。在【驱动方法】中单击【叶片粗加工】按钮，在【驱动设置】中设置【切削模式】为【往复上升】，【切削方向】为【顺铣】，【步距】为【恒定】，【最大距离】为【30%刀具】，如图 3-3-115 所示。

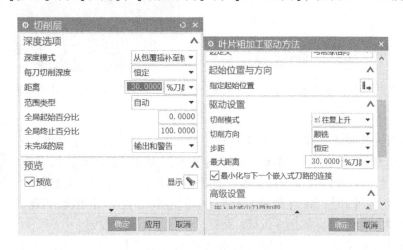

图 3-3-115　设置切削层和驱动方法

3）设置【余量】。在【刀轨设置】中单击【切削参数】按钮，选择【余量】选项卡，设置【叶片余量】为【0.5】，【轮毂余量】为【0.5】，【检查余量】为【0.5】，如图 3-3-116 所示。

4）设置【进给率和速度】。打开【进给率和速度】对话框，设置【主轴速度（rpm）】为【10000】，【切削】为【4000mmpm】。

5）再次设置驱动方法。打开【叶片粗加工驱动方法】对话框，在【前缘】中设置【叶片边】为【沿部件轴】，【距离】为【15%刀具】，【切向延伸】为【0%刀具】，【径向延伸】为【150%刀具】，如图 3-3-117 所示。

6）生成刀轨。单击【生成】按钮，得到粗铣叶片的刀轨，如图 3-3-118 所示。

图 3-3-116　设置【余量】

图 3-3-117　设置驱动方法

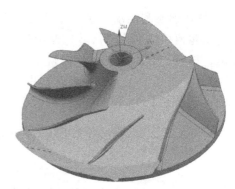

图 3-3-118　粗铣叶片刀轨

（十二）叶片半精加工

1）变换叶轮粗加工工序。右击【叶轮粗加工】工序，选择【对象】→【变换】命令，弹出【变换】对话框，设置【类型】为【绕直线旋转】，【直线方法】为【点和矢量】，【指定点】选择顶面圆孔中心点，【指定矢量】为X轴，【角度】为【90】，在【结果】中选中【复制】，设置【距离/角度分割】为【1】，【非关联副本数】为【3】，如图 3-3-119 所示，单击【确定】按钮。

2）创建【叶轮半精加工】工序。右击【叶轮粗加工】工序，选择【复制】命令，右击【叶轮粗加工_COPY_2】，选择【粘贴】命令，创建【叶轮粗加工_COPY_3】工序，重命名【叶轮粗加工_COPY_3】为【叶轮半精加工】。

3）修改【叶轮半精加工】工序的主要参数。双击【叶轮半精加工】工序，单击【切削层】按钮，设置【每刀切削深度】为【残余高度】，【残余高度】为【0.1】，单击【确

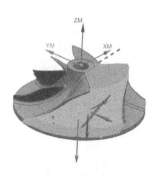

图 3-3-119 变换工序

定】按钮。打开【叶片粗加工驱动方法】对话框，在【驱动设置】中设置【步距】为【残余高度】，【最大残余高度】为【0.1】。

4）修改几何体参数。在【刀轨设置】中单击【切削参数】按钮，选择【余量】选项卡，设置【叶片余量】为【0.2】，【轮毂余量】为【0.2】，【检查余量】为【0.2】；选择【空间范围】选项卡，【过程工件】选择【使用 3D】。

5）修改【进给率和速度】，打开【进给率和速度】对话框，设置【主轴速度（rpm）】为【3000】，【切削】为【300mmpm】。

6）生成刀轨。单击【生成】按钮，得到叶轮半精加工刀轨，如图 3-3-120 所示。

7）变换【叶轮半精加工】工序。右击【叶轮半精加工】工序，选择【对象】→【变换】命令，弹出【变换】对话框，设置【类型】为【绕点旋转】，【直线方法】为【点和矢量】，【指定点】选择顶面圆孔中心点，【指定矢量】为 X 轴，【角度】为【90】，在【结果】中选中【复制】，【距离/角度分割】为【1】，【非关联副本数】为【3】，生成的刀轨如图 3-3-121 所示。

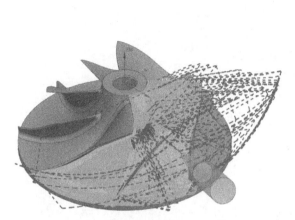

图 3-3-120 叶轮半精加工刀轨

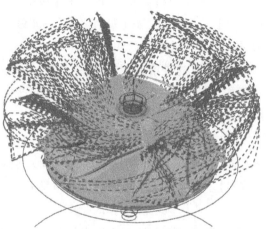

图 3-3-121 变换刀轨

（十三）流道面精加工

1）单击【主页】→【创建工序】按钮，弹出【创建工序】对话框，设置【类型】为【mill_multi_blade】，【工序子类型】为【叶轮轮毂精加工】，【程序】为【铣削】，【刀具】为【R1.8A4】，【几何体】为【MULTI_BLADE_GEOM】，【方法】为【METHOD】，【名称】为【流道面精加工】，如图 3-3-122所示。单击【确定】按钮，弹出【轮毂精加工-【流道面精加工】】对话框，如图 3-3-123 所示。

图 3-3-122　创建流道面精加工工序　　图 3-3-123　流道面精加工工序参数设置

2）设置驱动方法。打开【轮毂精加工驱动方法】对话框，在【驱动设置】中设置【切削模式】为【往复上升】，【步距】为【残余高度】，【最大残余高度】为【0.05】，如图 3-3-124 所示。

3）设置【进给率和速度】。打开【进给率和速度】对话框，设置【主轴速度（rpm）】为【10000】，【切削】为【2800mmpm】。

4）再次设置驱动方法。打开【轮毂精加工驱动方法】对话框，在【前缘】中设置【叶片边】为【沿叶片方向】，【切向延伸】为【50%刀具】，【径向延伸】为【0%刀具】，如图 3-3-125 所示。

5）生成刀轨。单击【生成】按钮，得到流道面精加工刀轨，如图 3-3-126 所示。

图 3-3-124　设置驱动方法（一）

图 3-3-125 设置驱动方法（二）

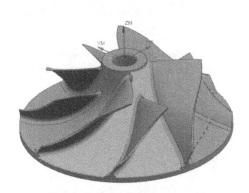

图 3-3-126 流道面精加工刀轨

（十四）叶片精加工

1）单击【主页】→【创建工序】按钮，弹出【创建工序】对话框，设置
【类型】为【mill_multi_blade】，【工序子类型】为【叶片精铣】，【程序】为
【铣削】，【刀具】为【R1.8A4】，【几何体】为【MULTI_BLADE_GEOM】，
【方法】为【METHOD】，【名称】为【叶片精加工】，如图 3-3-127 所示。单击【确定】按
钮，弹出【叶片精铣-【叶片精加工】】对话框，如图 3-3-128 所示。

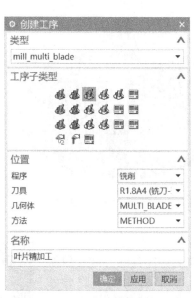

图 3-3-127 创建叶片精加工工序

图 3-3-128 叶片精加工工序参数设置

2）设置切削层和驱动方法。在【刀轨设置】中单击【切削层】按钮，设置【每刀切
削深度】为【残余高度】，【残余高度】为【0.05】。打开【叶片精加工驱动方法】对话框，

在【驱动设置】中设置【切削模式】为【单向】，如图 3-3-129 所示。

图 3-3-129　设置切削层和驱动方法

3）设置【进给率和速度】。打开【进给率和速度】对话框，设置【主轴速度（rpm）】为【3000】，【切削】为【280mmpm】。

4）设置驱动方法。打开【叶片精加工驱动方法】对话框，在【后缘】中设置【叶片边】为【沿叶片方向】，【切向延伸】为【75%刀具】，如图 3-3-130 所示。

5）生成刀轨。单击【生成】按钮，得到叶片精加工刀轨，如图 3-3-131 所示。

图 3-3-130　设置驱动方法

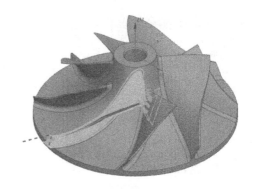

图 3-3-131　叶片精加工刀轨

（十五）分流叶片精加工

1）右击【叶片精加工】工序，选择【复制】命令，再右击【叶片精加工】工序，选择【粘贴】命令，创建【叶片精加工_COPY】工序，重命名【叶片精加工_COPY】为【分流叶片精加工】。

2）修改【分流叶片精加工】工序主要参数。双击【分流叶片精加工】工序，打开【叶片精加工驱动方法】对话框，在【切削周边】中设置【要精加工的几何体】为【分流叶片1】。

3）生成刀轨。单击【生成】按钮，得到分流叶片精加工刀轨，如图3-3-132所示。

4）变换【流道精加工】【叶片精加工】【分流叶片精加工】工序。按住<Ctrl>键，选择【流道精加工】【叶片精加工】【分流叶片精加工】工序并右击，选择【对象】→【变换】命令，弹出【变换】对话框，设置【类型】为【绕直线旋转】，【直线方法】为【点和矢量】，【指定点】选择顶面圆孔中心点，【指定矢量】设置为X轴，【角度】为【90】，【结果】选中【复制】，【距离/角度分割】为【1】，【非关联副本数】为【3】，如图3-3-133所示，单击【确定】按钮。

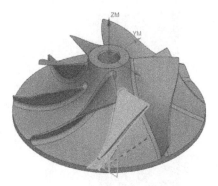

图3-3-132 分流叶片精加工刀轨

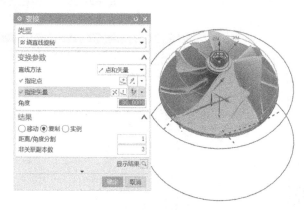

图3-3-133 变换刀轨

（十六）仿真加工与后处理

1）零件右端仿真加工。在【工序导航器】中右击【TURNING_WORK-PIECE_R】，选择【刀轨】→【确认】按钮，弹出【刀轨可视化】对话框，选择【3D动态】选项卡，单击【播放】按钮，开始仿真加工，仿真加工结果如图3-3-134所示。

2）零件右端加工工序后处理。在【工序导航器】中右击【TURNING_WORKPIECE_R】，选择【后处理】命令，弹出【后处理】对话框，选择【LATHE_2_AXIS】，指定合适的文件路径和文件名，设置【单位】为【公制/部件】，勾选【列出输出】，单击【确定】按钮，生成NC程序，如图3-3-135所示。

3）零件左端仿真加工。在【工序导航器】中右击【TURNING_WORKPIECE_L】，选择【刀轨】→【确认】命令，弹出【刀轨可视化】对话框，选择【3D动态】选项卡，单击【播放】按钮，开始仿真加工，仿真加工结果如图3-3-136所示。

4）零件左端加工工序后处理。在【工序导航器】中右击【TURNING_WORKPIECE_L】，选择【后处理】命令，弹出【后处理】对话框，选择【LATHE_2_AXIS】，指定合适的文件路径和文件名，设置【单位】为【公制/部件】，勾选【列出输出】，单击【确定】按钮，生成NC程序，如图3-3-137所示。

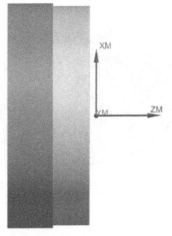

图 3-3-134 零件右端仿真加工结果

图 3-3-135 零件右端加工 NC 程序

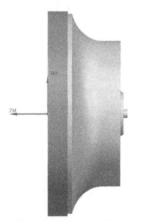

图 3-3-136 零件左端仿真加工结果

图 3-3-137 零件左端加工 NC 程序

5）零件铣削仿真加工。在【工序导航器】中右击【MULTI_BLADE_GEOM】，选择【刀轨】→【确认】命令，弹出【刀轨可视化】对话框，选择【3D 动态】选项卡，单击【播放】按钮，开始仿真加工，仿真加工结果如图 3-3-138 所示。

6）零件铣削加工工序后处理。在【工序导航器】中右击【MULTI_BLADE_GEOM】，选择【后处理】命令，弹出【后处理】对话框，选择【MILL_5_AXIS】，指定合适的文件路径和文件名，设置【单位】为【公制/部件】，勾选【列出输出】，单击【确定】按钮，生成 NC 程序，如图 3-3-139 所示。

图 3-3-138 零件铣削仿真加工结果

图 3-3-139　零件铣削 NC 程序

三、仿真加工

1）进行零件仿真加工。在【工序导航器】中选择【PROGRAM】并右击，选择【刀轨】→【确认】命令，如图 3-3-140 所示，弹出【刀轨可视化】对话框，选择【3D 动态】选项卡，如图 3-3-141 所示。单击【播放】按钮，开始仿真加工。

图 3-3-140　确认刀轨　　　　　　　图 3-3-141　【刀轨可视化】对话框

2）仿真结果如图 3-3-142 所示。

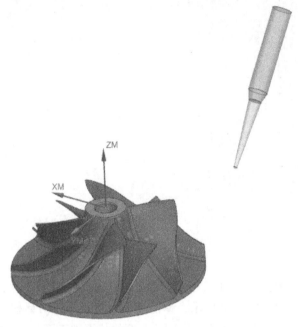

图 3-3-142　仿真结果

四、零件加工

按照设备管理要求，对加工中心进行点检，确保设备完好，特别注意气压、油压、室内温度是否合格。对机床通电开机，并将机床各坐标轴回零，然后对机床进行低转速预热、主轴润滑。

对照工艺要求将夹具安装到机床工作台中心，使用百分表校正夹具与机床工作台回转中心同轴，使误差小于 0.01mm，用探针找正并设置加工原点。将车削好的叶轮毛坯安装到夹具中，并使用 M10 内六角螺钉锁紧毛坯，锁紧力为 40N·m。

对照工艺要求，准备好所有刀具和相应的刀柄和夹头，将刀具安装到对应的刀柄上，调整刀具伸出长度，刀具伸出长度必须与编程时软件内设置的一致，使用对刀仪测量刀具长度并输入机床刀具参数表，然后将装有刀具的刀柄按刀具号装入刀库。

将计算机中处理好的 NC 程序文件复制到机床 TNC 硬盘中。

对刀和程序传输完成后，将机床模式切换到自动方式，按下循环启动键，即可开始自动加工，由于是首件第一次加工，所以在加工过程中要密切注意加工状态，有问题要及时停止。

专家点拨

1）铣削叶轮时，为提高刀具强度，一般会选用带有锥度的球头铣刀，而不是使用圆柱形的球头铣刀。

2）精加工叶轮叶片和流道面时选择与叶根圆角等半径的刀具，可以直接加工得到叶根圆角，而不需要单独加工圆角。

3）加工叶轮时，如果叶片呈直纹面，精加工叶片可以采用侧刃切削的方式；如果叶片不是直纹面，就只能采用点铣的方式进行叶片精加工。

4）后处理器必须与所用机床相对应，具体可咨询软件供应商或机床厂商。

课后训练

完成图 3-3-143 所示零件的加工工艺制定和五轴联动加工程序的编制。

图 3-3-143　风轮

模块4　拓展项目

本模块以企业真实产品为拓展项目巩固 NX CAM 铣削数控编程、仿真与加工方法等知识和操作技能。通过学习本模块，读者能完成三轴、四轴、五轴铣削零件的数控编程与加工。

项目1　导板的数控编程与加工

教学目标

能力目标

1) 能编制导板加工工艺卡。

2) 能使用 NX 12.0 软件编制导板的三轴加工程序。

3) 能操作三轴加工中心完成导板的加工。

知识目标

1) 掌握表面铣、平面铣的几何体设置方法。

2) 掌握加工边界的创建方法。

3) 掌握切削参数的设置方法。

4) 掌握非切削移动的设置方法。

5) 掌握点位加工的参数设置方法。

素养目标

激发读者崇尚劳动光荣，培养爱岗敬业精神。

项目导读

本项目所涉及导板为某注塑机中的一个零件，在机构中起导向作用。此导板为典型的块状零件，主要由导向槽、腔体、台阶、内孔等特征组成。在编程与加工过程中要特别注意导向槽的加工精度。

工作任务

本工作任务的内容为：分析导板的零件模型，明确加工内容和加工要求，对加工内容进行合理的工序划分，确定加工路线，选用加工设备、刀具与夹具，制定加工工艺卡；运用NX软件编制导板的加工程序并进行仿真加工，操作三轴加工中心完成导板的加工。

一、制定加工工艺

1. 模型分析

导板模型如图 4-1-1 所示，主要由导向槽、腔体、台阶、内孔等特征组成。零件材料为 45 钢，为优质碳素结构钢，应用广泛，可加工性比较好。

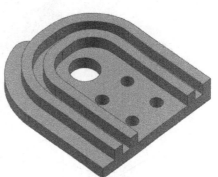

图 4-1-1 导板模型

2. 制定工艺路线

此零件分两次装夹，毛坯留有一定的夹持量，第一次装夹采用机用平口钳夹持毛坯，使用三轴加工中心完成除总高以外的所有特征的加工；第二次装夹采用机用平口钳夹持已加工外轮廓，使用三轴加工中心切除底面的夹持部分并保证零件总高尺寸（由于该零件反面加工比较简单，在此不做阐述）。

1）备料：45 钢块料，尺寸为 135mm×117mm×25mm。

2）用机用平口钳夹持毛坯，粗铣零件外轮廓，留 0.5mm 余量。

3）粗铣开口腔，留 0.5mm 余量。

4）粗铣导向槽，留 0.3mm 余量。

5）精铣外轮廓。

6）精铣顶面及腔底面。

7）精铣导向槽。

8）钻中心孔。

9）钻 ϕ10mm 通孔。

10）铣 ϕ24mm 通孔。

11）零件翻面装夹，用机用平口钳夹持已加工外轮廓，铣零件底面，保证总高。

3. 加工设备选用

选用 HV-40A 立式加工中心作为加工设备。

4. 毛坯选用

该导板材料为 45 钢，根据零件尺寸和机床性能，并考虑零件装夹要求，选用 135mm×117mm×25mm 的块料作为毛坯，如图 4-1-2 所示。

5. 装夹方式选用

零件分两次装夹，加工顶面时，以毛坯作为基准，选用机用平口钳装夹，零件左侧面与机用平口钳左侧对齐，零件高度方向伸出量为 21mm，装夹简图如图 4-1-3 所示。加工零件底面时，采用已经加工完的外形作为定位基准，使用机用平口钳装夹，装夹时向左对齐机用平口钳侧面，保证每次装夹位置基本一致，装夹简图如图 4-1-4 所示。

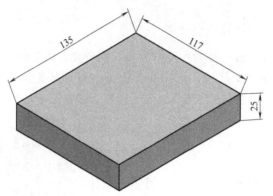

图 4-1-2　导板毛坯

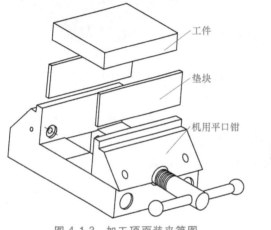

图 4-1-3　加工顶面装夹简图

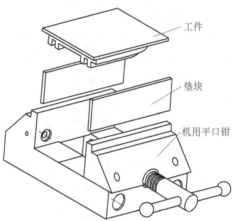

图 4-1-4　加工底面装夹简图

6. 制定工艺卡

以 1 次装夹作为 1 道工序，制定加工工艺卡，见表 4-1-1～表 4-1-3。

表 4-1-1　工序清单

零件号:265876		工艺版本号:0	工艺流程卡-工序清单		
工序号	工序内容	工位	页码:1		页数:3
001	备料(45 钢,135mm×117mm×25mm)	采购	零件号:265876		版本:0
002	加工顶面	加工中心	零件名称:导板		
003	加工底面	加工中心	材料:45 钢		
004			材料尺寸:135mm×117mm×25mm		
005			更改号	更改内容	批准	日期
006						
007			01			
008						
拟制:	日期:	审核:	日期:	批准:	日期:

表 4-1-2　加工顶面工艺卡

零件号:265876		工序名称:加工顶面		工艺流程卡-工序单	
材料:45 钢	页码:2		工序号:02		版本号:0
夹具:机用平口钳	工位:加工中心		数控程序号:265876-01.NC		

刀具及参数设置				
刀具号	刀具规格	加工内容	主轴转速	进给速度
T01	D20R2 铣刀	粗加工外轮廓,留 0.5mm 余量	S1800	F1200
T01	D20R2 铣刀	精加工开口腔,留 0.5mm 余量	S1800	F1200
T02	D6R0 铣刀	粗铣导向槽,留 0.3mm 余量	S2800	F1000
T03	D16R0 铣刀	精铣外轮廓	S2200	F1000
T03	D16R0 铣刀	精铣顶面及腔底面	S2200	F1000
T02	D6R0 铣刀	精铣导向槽	S3600	F800
T04	D10 点孔钻	钻中心孔	S1200	F100
T05	D10 麻花钻	钻 ϕ10mm 通孔	S800	F100
T06	D10R0 铣刀	钻 ϕ24mm 通孔	S2800	F800

锐边加 0.3mm 倒角

01				
更改号	更改内容		批准	日期
拟制:	日期:	审核:	日期:	批准:	日期:

表 4-1-3　加工底面工艺卡

零件号:265876		工序名称:加工底面		工艺流程卡-工序单	
材料:45 钢	页码:3		工序号:03		版本号:0
夹具:机用平口钳	工位:加工中心		数控程序号:265876-02.NC		

刀具及参数设置				
刀具号	刀具规格	加工内容	主轴转速	进给速度
T01	D50R2 面铣刀	加工底面	S1800	F800

所有尺寸参阅零件图,锐边加 0.3mm 倒角

01				
更改号	更改内容		批准	日期
拟制:	日期:	审核:	日期:	批准:	日期:

二、编制加工程序

三、仿真加工

四、零件加工

按照设备管理要求，对加工中心进行点检，确保设备完好，特别注意气压、油压、室内温度是否合格。对机床通电开机，并将机床各坐标轴回零，然后对机床进行低转速预热、主轴润滑。

仔细清洁机床工作台和平口钳底面，对照工艺要求将平口钳装到机床工作台上，使用百分表校准平口钳钳口与机床 X 轴平行，误差小于 0.01mm。将垫块及毛坯清洁后安装到平口钳，在平口钳夹紧过程中，用橡胶锤轻轻敲打工件，确保工件和垫块充分接触。

对照工艺要求，准备好所有刀具和相应的刀柄和夹头，将刀具安装到对应的刀柄上，调整刀具伸出长度，刀具伸出长度必须与编程时软件内设置的一致，使用对刀仪测量刀具长度并输入机床刀具参数表，然后将装有刀具的刀柄按刀具号装入刀库。

对刀和程序传输完成后，将机床模式切换到自动方式，按下循环启动键，即可开始自动加工。由于是首件第一次加工，所以在加工过程中要密切注意加工状态，有问题要及时停止。

专家点拨

1）使用自动编程加工零件时，一般可以遵循"轻拉快跑"的原则，也就是小切削量、大进给速度的方式。

2）NX CAM 中材料侧的意思是加工后需要留下来的材料，所以加工孔、腔体等内部轮廓时，材料侧应该设置为外，而加工岛、凸台等外部轮廓时，材料侧应该设置为内。

3）NX CAM 平面铣中，边界的平面用来定义边界的开始加工高度，而底面用来设置边界加工的最终深度。

4）NX CAM 平面铣的 WORKPIECE 中的毛坯，只在仿真时起作用，如果操作中使用【跟随部件】加工方式加工凸台，必须重新选择毛坯边界。

课后训练

1）根据图 4-1-5 所示的盖板零件的特征，制定合理的工艺路线，设置必要的加工参数，生成刀轨，通过相应的后处理生成数控加工程序，并运用机床加工零件。

2）根据图 4-1-6 所示的齿形压板零件的特征，制定合理的工艺路线，设置必要的加工参数，生成刀轨，通过相应的后处理生成数控加工程序，并运用机床加工零件。

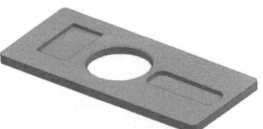

图 4-1-5 盖板零件

图 4-1-6　齿形压板零件

项目 2　星形滚筒的数控编程与加工

教学目标

能力目标

1）能编制星形滚筒加工工艺卡。

2）能使用 NX 12.0 软件编制星形滚筒的四轴加工程序。

3）能操作四轴加工中心完成星形滚筒的加工。

知识目标

1）掌握可变轮廓铣中参考几何体的设置方法。

2）掌握曲面驱动方法的设置方法。

3）掌握曲线驱动方法的设置方法。

4）掌握投影矢量和刀轴的设置方法。

素养目标

激发读者崇尚技能宝贵，培养技能报国情怀。

项目导读

本项目所涉及星形滚筒为某印染设备中的一个零件，起成形的作用。此星形滚筒为典型的需要四轴联动加工的零件，主要由外圆和成形面组成。在编程与加工过程中要特别注意成形面的表面粗糙度。

工作任务

本工作任务的内容为：分析星形滚筒零件的模型，明确加工内容和加工要求，对加工内容进行合理的工序划分，确定加工路线，选用加工设备、刀具和夹具，制定加工工艺卡；运用 NX 软件编制星形滚筒的加工程序并进行仿真加工，操作四轴加工中心完成星形滚筒的加工。

一、制定加工工艺

1. 模型分析

星形滚筒模型如图 4-2-1 所示，其结构比较简单，主要由成形面和外圆特征组成。零件材料为 45 钢，为优质碳素结构钢，综合性能良好，应用广泛，可加工性比较好。

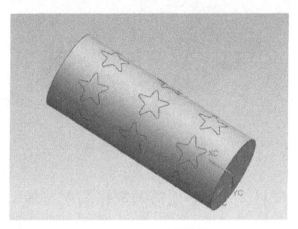

图 4-2-1　星形滚筒模型

2. 制定工艺路线

该星形滚筒毛坯采用预加工得到，已完成星形滚筒的外圆、端面及中心孔加工，毛坯外形无须加工。星形滚筒的加工经 1 次装夹完成，采用自定心卡盘及顶尖装夹，使用四轴加工中心完成加工。

1) 备料：45 钢预制件，可通过外协加工或者安排前道工序得到。

2) 自定心卡盘夹持，粗加工，留 0.3mm 余量。

3) 二次粗加工，留 0.3mm 余量。

4) 成形面底面精加工。

5) 成形面侧面精加工。

3. 加工设备选用

选用 AVL650e 四轴立式加工中心作为加工设备。

4. 毛坯选用

该星形滚筒材料为 45 钢，根据零件加工特点，毛坯采用预加工件，外径及长度都已加工到位，两端面已钻好中心孔，如图 4-2-2 所示。

5. 装夹方式的选用

零件经 1 次装夹，采用一夹一顶装夹方式，用自定心卡盘夹持已经过精加工的外圆，装夹示意图如图 4-2-3 所示。

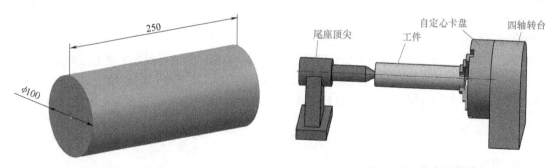

图 4-2-2　毛坯　　　　　　　　　图 4-2-3　装夹示意图

6. 制定工艺卡

以 1 次装夹作为 1 道工序，制定加工工艺卡，见表 4-2-1 和表 4-2-2。

表 4-2-1　工序清单

零件号:1879687		工艺版本号:0	工艺流程卡-工序清单	
工序号	工序内容	工位	页码:1	页数:2
001	备料(预制件)	采购	零件号:1879687	版本:0
002	铣成形面	四轴加工中心	零件名称:星形滚筒	
003	去毛刺	钳工	材料:45 钢	
004			材料尺寸:预制件	
005			更改号	更改内容 批准 日期
006				
007			01	
008				

拟制:	日期:	审核:	日期:	批准:	日期:	

表 4-2-2　铣成形面工序卡

零件号:1879687		工序名称:铣成形面		工艺流程卡-工序单	
材料:45 钢	页码:2		工序号:02	版本号:0	
夹具:自定心卡盘+顶尖	工位:四轴加工中心		数控程序号:1879687-01:NC		

刀具及参数设置					
刀具号	刀具规格	加工内容	主轴转速	进给速度	
T01	D8R1 铣刀	精加工	S2500	F800	
T02	D5R2.5 铣刀	二次粗加工	S3000	F1200	
T03	D3R1.5 铣刀	成形面底面精加工	S3800	F1500	
T04	D3R0 铣刀	成形面侧面精加工	S3500	F1500	

01				
更改号	更改内容	批准	日期	
拟制:	日期: 审核: 日期:	批准:	日期:	

二、编制加工程序

三、仿真加工

四、零件加工

按照设备管理要求，对加工中心进行点检，确保设备完好，特别注意气压、油压、室内温度是否合格。对机床通电开机，并将机床各坐标轴回零，然后对机床进行低转速预热、主轴润滑。

将工件装入机床自定心卡盘，调整伸出长度，用百分表校正跳动误差，保证小于0.05mm，夹紧自定心卡盘。

对照工艺要求，准备好所有刀具和相应的刀柄和夹头，将刀具安装到对应的刀柄上，调整刀具伸出长度，刀具伸出长度必须与编程时软件内设置的一致，使用对刀仪测量刀具长度并输入机床刀具参数表，然后将装有刀具的刀柄按刀具号装入刀库。

对刀和程序传输完成后，将机床模式切换到自动方式，按下循环启动键，即可开始自动加工。由于是首件第一次加工，所以在加工过程中要密切注意加工状态，有问题要及时停止。

专家点拨

使用曲线/点驱动方法通过指定点和选择曲线或面边缘定义驱动几何体。指定点后，驱动轨迹创建为指定点之间的线段；指定曲线或边时，沿选定曲线和边生成驱动点。驱动几何体投射到部件几何体上，然后生成刀轨。曲线可以是开放的或封闭的、连续的或非连续的以及平面的或非平面的。

当由曲线或边定义驱动几何体时，刀具沿刀轨按选择的顺序从一条曲线或边运动至下一条曲线或边。所选的曲线可以是连续的，也可以是非连续的，如图4-2-4所示。

对于开放曲线和边，选定的端点决定起点。对于封闭曲线或边，起点和切削方向由选择线段的顺序决定，原点和切削方向由选择顺序决定，可以用指定原点曲线命令修改原点。同时，可以使用负余量值，使该驱动方法允许刀具只在低于选定部件表面切削，从而创建图4-2-5所示的槽。

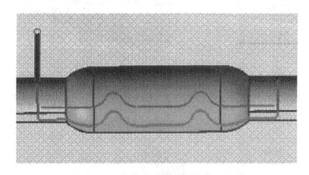

图 4-2-4 由曲线定义的驱动几何体

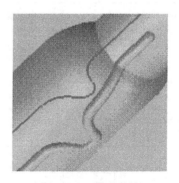

图 4-2-5 负余量槽

根据图 4-2-6 所示异形零件的特征，制定合理的工艺路线，设置必要的加工参数，生成刀轨，通过相应的后处理生成数控加工程序，并运用机床加工零件。

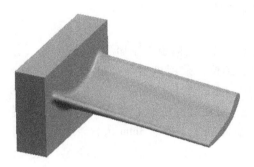

图 4-2-6　异形零件

项目 3　叶片的数控编程与仿真加工

教学目标

能力目标

1）能编制叶片加工工艺卡。

2）能使用 NX 12.0 软件编制叶片的五轴加工程序。

3）能操作五轴加工中心完成叶片的加工。

知识目标

1）掌握五轴加工铣削几何体的设置方法。

2）掌握五轴加工刀轴的设置方法。

3）掌握五轴加工的曲面驱动方法。

素养目标

激发读者崇尚创造伟大，培养创新精神。

项目导读

本项目所涉及叶片为典型的五轴联动加工零件，主要由叶片面、叶根圆角、平面组成。在编程与加工过程中要特别注意叶片面的表面粗糙度。

工作任务

本工作任务的内容为：分析叶片的零件模型，明确加工内容和加工要求，对加工内容进行合理的工序划分，确定加工路线，选用加工设备、刀具和夹具，制定加工工艺卡；运用 NX 软件编制叶片的加工程序并进行仿真加工，操作五轴加工中心完成叶片的加工。

一、制定加工工艺

1. 模型分析

叶片模型如图 4-3-1 所示，主要由叶片面、叶根圆角、平面组成。零件材料为 7075 航空铝合金，性能优良，应用广泛，可加工性好。

2. 制定工艺路线

毛坯采用精密压铸成形，已经过前道工序加工，其总高和底座侧面已经加工到位，采用机用平口钳夹持毛坯，使用五轴加工中心完成加工。

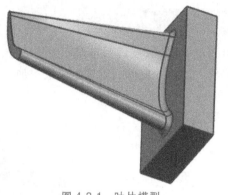

图 4-3-1　叶片模型

1）备料：7075 预制件，可通过外协加工或者安排前道工序得到。

2）用机用平口钳装夹，粗加工，留 0.3mm 余量。

3）叶片面精加工。

4）叶根圆角精加工。

5）平面精加工。

6）钳修。

3. 加工设备选用

选用 DMU 65 monoBLOCK 五轴加工中心。

4. 毛坯选用

零件材料为 7075，根据零件加工特点，毛坯采用精密压铸成形，已经过前道工序加工，其总高和底座侧面已经加工到位，如图 4-3-2 所示。

5. 装夹方式的选用

零件经 1 次装夹完成加工，采用机用平口钳夹持外形，为了避免在工作台摆动时刀具和工作台发生干涉，一般会将机用平口钳垫高。装夹示意图如图 4-3-3 所示。

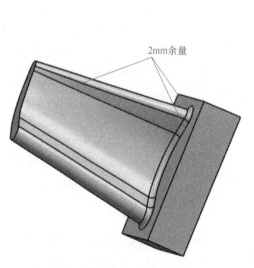

图 4-3-2　毛坯

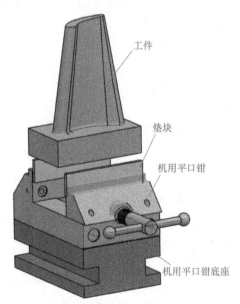

图 4-3-3　装夹示意图

6. 制定工艺卡

以 1 次装夹作为 1 道工序，制定加工工艺卡，见表 4-3-1 和表 4-3-2。

表 4-3-1　工序清单

零件号:1963874		工艺版本号:0	工艺流程卡-工序清单		
工序号	工序内容	工位	页码:1		页数:2
001	备料(预制件)	采购	零件号:1963874		版本:0
002	铣叶片面	五轴加工中心	零件名称:叶片		
003	钳修	钳工	材料:7075		
004			材料尺寸:预制件		
005			更改号	更改内容	批准	日期
006						
007			01			
008						

拟制:	日期:	审核:	日期:	批准:	日期:	

表 4-3-2　铣叶片面工序卡

零件号:1963874		工序名称:铣叶片面		工艺流程卡-工序单	
材料:7075		页码:2	工序号:02		版本号:0
夹具:机用平口钳		工位:五轴加工中心	数控程序号:1963874-01. NC		

刀具及参数设置					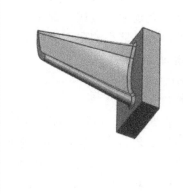
刀具号	刀具规格	加工内容	主轴转速	进给速度	
T01	D10R5 铣刀	粗加工	S3000	F800	
T02	D5R2.5 铣刀	叶片面精加工	S4500	F1500	
T03	D4R2 铣刀	叶根圆角精加工	S3500	F1000	
T02	D5R2.5 铣刀	平面精加工	S3500	F1000	

01					
更改号	更改内容		批准	日期	
拟制:	日期:	审核:	日期:	批准:	日期:

二、编制加工程序

三、仿真加工

四、零件加工

按照设备管理要求，对加工中心进行点检，确保设备完好，特别注意气压、油压、室内温度是否合格。对机床通电开机，并将机床各坐标轴回零，然后对机床进行低转速预热、主轴润滑。

将带有垫高底座的机用平口钳装入五轴加工中心的工作台中心位置，用百分表校正机用平口钳钳口与机床 X 轴平行，使误差小于 0.02mm。将垫块和工件清洁后装入机用平口钳，在机用平口钳夹紧过程中，用橡胶锤轻微向下敲击工件，确保工件与垫块充分接触。

对照工艺要求，准备好所有刀具和相应的刀柄和夹头，将刀具安装到对应的刀柄上，调整刀具伸出长度，刀具伸出长度必须与编程时软件内设置的一致，使用对刀仪测量刀具长度并输入机床刀具参数表，然后将装有刀具的刀柄按刀具号装入刀库。

对刀和程序传输完成后，将机床模式切换到自动方式，按下循环启动键，即可开始自动加工。由于是首件第一次加工，所以在加工过程中要密切注意加工状态，有问题要及时停止。

专家点拨

1）精加工采用分层、分区域加工。顺序最好是从浅到深、从上到下。对于叶片、叶轮类零件最好是从叶盆、叶背开始精加工，再到轮毂精加工。

2）叶片、叶轮零件的加工顺序应遵循曲面→清根→曲面反复进行。切忌两相邻曲面的余量相差过大，造成在加工大余量时，刀具向相邻的、余量小的曲面方向让刀，从而造成相邻曲面过切。

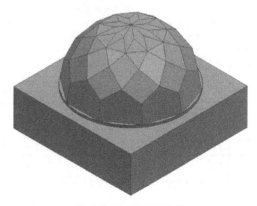

图 4-3-4　多面体零件

课后训练

根据图 4-3-4 所示多面体零件的特征，制定合理的工艺路线，设置必要的加工参数，生成刀轨，通过相应的后处理生成数控加工程序，并运用机床加工零件。